核电厂维修有效性监管实践

生态环境部核与辐射安全中心　编著

中国原子能出版社

图书在版编目(CIP)数据

核电厂维修有效性监管实践 / 生态环境部核与辐射安全中心编著. — 北京 ：中国原子能出版社，2022.12
ISBN 978-7-5221-2619-7

Ⅰ. ①核… Ⅱ. ①生… Ⅲ. ①核电厂一维修 Ⅳ. ①TM623.7

中国版本图书馆 CIP 数据核字(2022)第250080号

核电厂维修有效性监管实践

出版发行 中国原子能出版社(北京市海淀区阜成路 43 号　100048)
责任编辑 徐　明
责任校对 冯莲凤
责任印制 赵　明
装帧设计 崔　彤
印　　刷 北京九州迅驰传媒文化有限公司
经　　销 全国新华书店
开　　本 787 mm×1092 mm　1/16
印　　张 5.25　　**字　　数** 115 千字
版　　次 2022 年 12 月第 1 版　2022 年 12 月第 1 次印刷
书　　号 ISBN 978-7-5221-2619-7　　**定　　价** **88.00** 元

发行电话：010-68452845

编 委 会

主　编：初永越　依　岩

编　委：（排名按照姓氏笔画）

李　春　初永越　张　适　张博平

依　岩　钱晓明　黄志超

前 言

维修有效性评价体系(简称“维修规则”)是由美国核管理委员会在20世纪90年代初发布的一份联邦法规，其目的是推动核电厂对安全相关和部分非安全相关的构筑物、系统和设备(SSC)采取更为有效的维修评价体系，以提高设备的可靠性、可用性，从而减少因维修不当所导致的机组瞬态或对安全系统的挑战次数。

维修规则体系关注维修活动的结果及活动引起的潜在风险，使得核电厂能够将资源更为有效地投入对机组安全运行有着重要贡献的设备维修、试验中，不仅提高了机组安全水平，也使得核电厂的经济效益得到很大的提升。因此，除美国外，国际上也有一些国家和地区陆续推行了以维修规则为基础的管理体系，包括日本、西班牙等，也有国家在积极地吸收、引进这套体系方法，包括韩国、南非等。

我国国家核安全局于2017年8月发布了《改进核电厂维修有效性的技术政策(试行)》(以下简称《技术政策》)，用于指导核电厂营运单位对维修有效性以及维修活动的风险进行监测和管理，对《核动力厂运行安全规定》(HAF103)中关于核电厂维修相关要求做了进一步的补充和拓展。《技术政策》鼓励国内各核电厂采用试点、示范的方式逐步开展相关维修活动优化研究，并将研究成果纳入《核电厂维修大纲》等相关文件体系。

国家核安全局发布《技术政策》后，各有关单位积极开展维修规则试点工作。大亚湾核电厂、秦山第一核电厂、三门核电厂、田湾核电厂作为第一批试点单位，从2018年以来按照《技术政策》的要求开展维修规则体系的建立和试运行工作。同时，为了更好地指导国内核电厂开展维修规则工作，国家核安全局依托技术支持单位成立了维修规则工作组，以研究和推动核电厂维修规则领域的工作。近年来，国内核安全监管部门和核工业界，从监管要求、科研、工程应用、技术交流与共享等方面开展了大量的工作，取得了显著的成果，积累了丰富的工程实践经验。

本书旨在介绍核电厂维修有效性监管实践和国内核电厂试点情况，主要目的和意义为：定义用于本书中与维修有效性相关的术语；描述维修有效性的发展历史及其文件体系；识别维修有效性与其他文件间的联系；介绍我国政策法规标准研究、维修规则工作组和维修有效性监管情况；给出试点核电厂工作开展情况；讨论维修规则实施中遇到的典型问题及行业共识；给出国内维修有效性主要工作成效；最后，进行了总结和展望。

本书可供国内各有关单位在进行维修有效性评价或可靠性分析相关工作中参考使用。

本书由初永越和依岩主持编写，第一章和第四章由初永越编写，第二章和第三章由黄志超编写，第五章由张博平编写，第六章和第十章由钱晓明编写，第七章和第八章由张适编写，第九章由依岩编写，第十一章由李春编写。

本书在编写过程中得到了国家核安全局的大力支持，编者在此深表谢意！

鉴于编者的水平与时间有限，本书中难免还存在不少纰漏和值得深入探讨之处，敬请广大读者不吝批评指正。

编者

2022 年 10 月于北京

目　录

第一章　概　述

1.1　背景

维修是核电厂重要的安全相关活动。在核电厂运行过程中，必须保证维修活动的有效性，使核电厂构筑物、系统和设备(SSC)在各种运行工况、设计基准事故工况，以及选定的超设计基准事故工况下，能够有效地执行预定的安全功能，减少挑战核电厂安全的瞬态次数，保证核电厂运行安全。

传统上核电厂均采取定期预防性维修和纠正性维修方法，但广泛的国际运行经验表明，维修不足、过度维修及维修不当可能会对 SSC 产生不利影响，从而降低核电厂的运行安全水平。国际实践表明，核电厂建立维修有效性评价体系(以下简称“维修规则”)，能够更加合理、有效地提高设备的可靠性，进而对核电厂安全水平及经济性产生积极影响。

多年来，国内核安全监管部门和核工业界持续关注国际上维修有效性技术进展。为进一步提高核电厂构筑物、系统和设备维修的有效性，加强相关维修活动的风险评价及管理，国家核安全局广泛调研国际实践，结合我国相关法规标准及实际情况，编制发布了《改进核电厂维修有效性的技术政策(试行)》(以下简称《技术政策》)，对核电厂建立维修有效性评价体系(即维修规则)提出了监管要求。《技术政策》结合了风险指引和基于性能的特点，对核电厂维修有效性监管的重点是维修结果是否满足既定性能指标，而非维修实施过程。

国家核安全局发布技术政策后，采用试点的方式推进国内核电厂维修规则相关工作，逐步建立和完善相关的法规标准文件。经过几年的努力，相关工作取得了显著的成效，积累了丰富的经验，为全面实施核电厂维修有效性监管奠定了坚实的基础。

1.2　本书框架结构

第一章是对核电厂维修有效性评价体系的概述。

第二章对该书中所涉及的部分专业术语进行了定义和说明。

第三章阐述维修有效性的发展历史及其文件体系。

第四章介绍维修有效性与其他文件间的联系。

第五至七章重点介绍我国政策法规标准研究、维修规则工作组和维修有效性监管情况。

第八章介绍了我国试点核电厂的维修有效性工作开展情况。

第九章讨论维修规则实施中遇到的典型问题及行业共识。

第十章阐述了国内维修有效性主要工作成效。

第十一章为本书的总结，并对后续重点工作进行展望。

第二章　基本概念和术语

为便于读者理解本书中的相关内容，本章将涉及基本概念和术语总结如下。

(1)构筑物、系统和设备(Structure，System and Component)。

维修规则范围内的核电厂构筑物、系统和设备，不涉及组成设备的具体部件。

(2)维修有效性(Maintenance Effectiveness)。

构筑物、系统和设备维修的有效性通常会反映在其运行和维修过程中所表现的性能上。对某一特定的构筑物、系统和设备，按照其设计基准、可靠性数据、运行经验设定具体的性能指标。通过比较上述指标与该构筑物、系统和设备在运行、维修、试验中所表现实际性能的相符性，关注维修结果而非维修过程，并用于判断维修是否有效。

(3)维修规则(Maintenance Rule)。

对核电厂构筑物、系统和设备维修活动进行有效性评价的规则体系，即维修有效性评价体系。

(4)性能指标(Performance Indicator)。

对单个设备、系列、系统乃至整个电厂设定的用于监测的可靠性、可用性指标。如有必要，对单个设备还可设定其参数状态(振动、流量、温度等)作为性能指标。对构筑物可设定其外观状态(腐蚀、壁厚、倾斜度等)作为性能指标。

(5)监测(Monitor)。

通过对构筑物、系统和设备进行预防性维修、定期试验、巡检，或对其物理参数进行持续监测，收集构筑物、系统和设备当前的性能状态，或对其性能进行趋势分析。

(6)核电厂技术规格书(Nuclear Power Plant Technical Specification)。

为确保核电厂正常运行或预计运行事件状态下的重要初始参数和安全系统配置处于正确的范围和合适的状态，而制定的一整套有关的运行要求和限制。在我国的核安全法规和导则中称其为“核电厂运行限值和条件”。

(7)瞬时风险(Instantaneous Risk)。

在特定的核电厂配置情况下计算得到的风险水平数值，伴随核电厂配置是随时间的变化，瞬时风险也是变化的。核电厂常用的瞬时风险指标是堆芯损坏频率(CDF)和早期大量放射性释放频率(LERF)，单位是1/堆年。

(8)零维修风险(Zero Maintenance Risk)。

如果某瞬时风险对应的是核电厂所有设备都可用情况下的风险值，即没有设备因试验、维修等原因导致不可用(零维修)的情况下的风险值，该瞬时风险即为零维修风险。

(9)累积风险增量(Cumulative Risk Increment)。

某配置的瞬时风险相对零维修风险的增量对该配置持续时间的累积，即为累积风险增量。常用的累积风险指标是堆芯损坏概率增量(ICDP)和早期大量放射性释放概率增量(ILERP)。

第三章　维修有效性的发展历史及其文件体系

3.1　维修有效性的发展

美国核工业界于1963年发布了适用安全相关压力容器的在役检查标准(ASME第XI章)，针对安全相关的泵、阀门及管道的检查要求也相继发布。但是，对于核电厂SSC的维修却没有普遍适用的法规和行业标准。美国核管理委员会(NRC)及核工业界意识到，有效的维修对于核电厂安全可靠的运行尤为重要。与此同时，20世纪80年代，因系统设备性能降低而引起的机组跳堆、跳机等瞬态次数的增加更是引起了NRC的关注，而其中大部分设备(特别是非核安全设备)的维修并未纳入当时的监管范围。

NRC成立的维修小组通过检查和研究发现，维修是否有效与机组的安全性(如跳堆、跳机等瞬态或对安全系设备的可操作性、可用性及可靠性的挑战次数等)之间有着密切联系。有效的维修能够使得可能导致机组瞬态或事故的系统设备的故障率最小化。

基于上述结论，NRC于1991年7月发布了一份风险指引型、基于性能的维修规则——10 CFR 50.65《核电厂维修有效性监测要求》，适用于对安全和部分非安全SSC的维修监管。为配合相关的监管要求，美国核管理与资源理事会(NUMARC)于1993年5月提交了一份维修规则的实施指导文件——NUMARC 93-01《核电厂维修有效性监测行业指导》。为了指出这份文件的适用性和重要性，核管理委员会随后发布了RG 1.160《监测核电厂维修的有效性》，对NUMARC 93-01进行了认可并建议核电厂参考应用。

10 CFR 50.65与NRC以往发布的法规的最大不同之处在于结合了风险指引型和基于性能的特点：NRC更加关注维修的结果是否满足已定的性能目标，而不是维修实施的过程；更加关注核电厂维修导致系统设备不可用引起的风险是否可接受，以及营运单位所采取的管理措施。

10 CFR 50.65于1996年7月10日正式生效，在这之前的1994年9月—1995年3月，NRC在9个试点核电厂进行了维修规则的实施情况检查，其结果发布于NUREG-1526《维修规则在9个核电厂早期应用的经验》中。在维修规则文件正式生效后，NRC

于1996—1998年对全美71个(包括68个运行、3个退役)核电厂/机组进行维修规则实施情况的检查，并发布了检查结果(Maintenance Rule Baseline Inspections of 1996—1998)。另外，随着概率安全分析(PSA)方法在美国核电厂风险评价及管理中的逐步应用，1999年7月，NRC也对维修规则进行了修订，要求对维修活动引起的风险必须进行评价和管理，相应的指导条款也反映在修订后的NUMARC 93-01中。在随后几年时间，NRC陆续发布了包括检查程序(IP 62706、IP 62709、IP 71111.12、IP 71111.123)、技术报告(NUREG-1526、NUREG-1648)、检查人员备忘录(SECY-00-074、SECY-99-133)及基准调研报告等在内的多份文件以支持对维修规则的推广及应用，既包括要求核电厂遵守的技术文件，也包括监管人员的检查程序。

3.2 维修规则的文件体系及基本内容

正如NRC制定的其他法规一样，维修规则作为一套完整的法规体系，下层也有管理导则和行业技术的支持。同时，NRC也发布了许多检查规程以及对核电厂应用维修规则的检查报告，用以指导检查人员及业主的相关活动。具体包括：

联邦法规：10 CFR 50.65

管理导则：R.G 1.160

行业指导：NUMARC 93-01

检查规程：IP 62706、IP 62709、IP 71111.12、IP 71111.13

试点电厂检查报告：NUREG-1526、NUREG-1648

美国已经建立了完善的核电厂维修规则评价体系，其法规、导则、行业标准及相关的文件如图3-1所示。

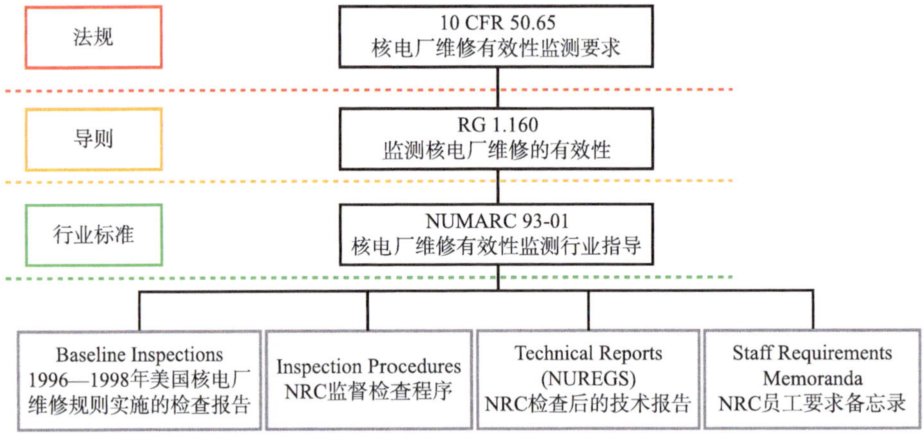

图3-1 美国核电厂维修规则监管的文件体系

3.2.1　10 CFR 50.65 主要内容

联邦法规 10 CFR 50.65 中所规定的内容，主要包括两部分内容，其中(a)部分规定了执行维修应遵守的准则，(b)部分规定了核电厂哪些构筑物、系统和部件需要遵守维修规则，具体内容如下。

(一)(a)部分

(1)核电厂许可证持有者必须监测核电厂构筑物、系统或部件的性能或状态，使其满足所制订的相应目标，从而确保(b)部分所包括的系统部件能够执行其预期功能。这些目标的制订应与核电厂安全相称，且在可行的情况下还应考虑到整个行业的运行经验。当某个 SSC 的性能或状态未能满足设定的目标时，必须采取适当的纠正行动。

(2)如果执行适当的预防性维修能有效控制某个 SSC 的性能或状态，使其能执行预期功能，则不必执行(a)(1)所要求的监测。

(3)至少每个换料循环，必须对性能和状态的监测活动及其目标、预防维修活动进行评估，两次评估的间隔最长不超过 24 个月。在可行的情况下，评估必须考虑整个行业的运行经验。必要时，须对减少构筑物、系统及部件的不可用度(因预防性维修或监测导致)和预防构筑物、系统及部件故障(通过维修)两者之间的平衡进行调整。

(4)维修活动实施前(包括但不限于：监督、维修后试验、纠正和预防性维修)，许可证持有者必须评价维修活动所引起的风险并采取相应的风险管理。

(二)(b)部分

(a)(1)中规定的监测大纲范围，应包括安全相关的和部分非安全相关的 SSCs，如下所述。

(1)安全相关的 SSCs：在发生设计基准事故期间及之后需执行其安全功能，以确保反应堆冷却剂压力边界的完整性；使反应堆停堆并维持在安全停堆状态；以及预防或缓解导致潜在的厂外照射事故。

(2)非安全相关 SSCs：

(Ⅰ)用于缓解事故或瞬态，或应用于应急运行规程中(EOPs)；

(Ⅱ)其失效后会妨碍安全相关 SSCs 执行其安全相关功能；

(Ⅲ)其失效后会引起反应堆紧急停堆或触发安全相关系统。

NRC 发布 10 CFR 50.65 之后，由于其“以结果为导向”的特点，特别是(a)部分的可执行性并不明确，核电厂执行起来对各条款的把握程度不一，因此美国核资产与管理委员会(NUMARC，后归入 NEI)按照对法规的理解编制了 NUMARC 93-01 以指导核电厂和检查人员使用，该份文件也最终得到了 NRC 的认可，NRC 于同年发布了 R.G 1.160 声明核电厂可以利用 NUMARC 93-01 来指导维修规则的实施。

3.2.2　NUMARC 93-01 主要内容

该行业指导主要内容即解释了图 3-2 中各步骤的具体方法。

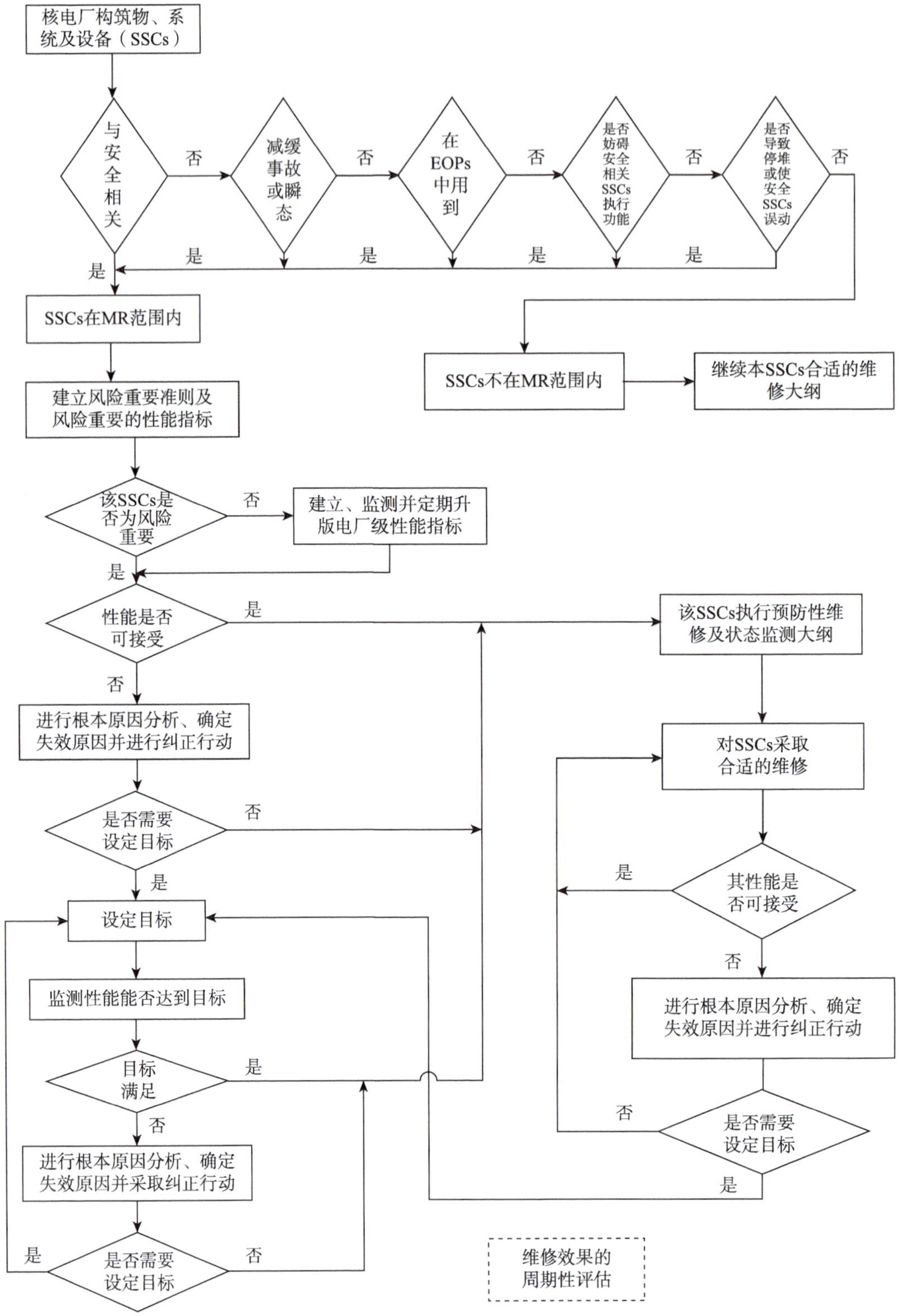

图 3-2　维修规则行业指导执行逻辑图

核电厂业主应按照维修规则(b)(1)、(b)(2)中的要求注明安全相关和非安全相关构筑物、系统和部件。对于未纳入维修规则中的构筑物、系统和部件，业主可继续使用已有的维修大纲。

所有纳入维修规则中的构筑物、系统和部件都被置于(a)(2)中，其中一部分被放在预防性维修大纲中。对于有可接受的性能指标的构筑物、系统和部件，置于(a)(2)中；如其无法满足性能指标，则被置于(a)(1)中并确定相应的目标。做出上述判断时应考虑构筑物、系统和部件的性能是否满足其性能指标，同时也须考虑风险重要性。具有风险重要或处在备用模式下的构筑物、系统和部件应制订具体的性能指标；监测其平衡性以满足所有电厂级性能指标。

(a)(1)的实施过程中包括了为无法满足性能的构筑物、系统和部件设定的目标。应指出的是关键参数即是性能准则。

识别风险重要构筑物、系统和部件应利用系统的应用 IPE、PRA、关键安全功能(如电厂清单)或其他方法给出说明。

未满足业主制订的性能指标的构筑物、系统和部件，应设定目标并进行监测以满足可接受的性能。对这些需要设定目标的构筑物、系统、序列或设备，大多数目标应设定在系统级别。另外，如果业主认为合适的话，就设定序列和部件级别的目标。监测这些构筑物、系统和部件的性能直到认为其已经满足设定的目标后可将这些构筑物、系统和部件置入(a)(2)中。

纳入维修规则的构筑物、系统和部件，当前确定其性能是可接受的话，将这些可接受的性能是否能维持进行评价。

虽然(a)(1)中设定了目标并进行监测，但(a)(2)中的预防性维修和性能监测活动仍适用于维修规则中的构筑物、系统和部件。

在执行维修活动之前，应做相应的风险评价，评价的结果用于管理风险的影响。评价过程可通过风险指引型评价过程。通过确定活动级别和应用风险管理活动来完成风险的管理。对于特定的维修活动，风险防护措施会有差别，这取决于风险影响的持续时间和重要程度、维修活动的性质及其他因素。

定期性能评价和监测将通过营运单位专门的大纲来实施，具中应适当考虑事件原因的分析、纠正行动、行业经验及趋势分析等因素。

3.3 维修规则在美国核电厂的实施情况

维修规则发布的日期是 1991 年，NRC 要求生效的时间截至为 1996 年，由于考虑到会增加一些新的工作量，并且不确定如何具体执行该维修规则，所以早期是由 9 个核电厂进行试点的工作。NRC 在 1994 年 9 月—1995 年 3 月对这 9 个核电厂执行维修规则的情况进行了全面检查，并发布了检查报告(NUREG-1526：Lessons Learned from

Early Implementation of The Maintenance Rule at Nine Nuclear Power Plants)，说明了维修规则的执行情况以及在执行中遇到的一些问题，以供其他核电厂进行参考，并对相应的指导文件进行适应性修订。1996 年维修规则正式生效，NRC 也于 1996 年至 1998 年间对全美 71 个核电厂维修规则实施情况进行全面的基准检查，并发布一份总报告(NUREG-1648：Lessons Learned from Maintenance Rule Baseline Inspections)及各电厂的分报告。

通过基准检查及日常运行中发现的一些问题，NRC 对 10 CFR 50.65 进行过两次的修订升版，分别是 1996 年 8 月增加关于退役核电厂的相关要求及 1999 年 6 月增加关于对维修引入潜在风险强制评价的要求。相应的，下层的支持性文件也进行了适应性的修订。

维修规则的实施，特别是通过类似滚动计划式的维修有效性评价(具体到系统部件)，使得业主能够更加清楚系统设备的可靠性及性能趋势；通过实施在线维修和在线试验(几乎每周都会安排相应的维修或试验活动)，从而提高核电厂的安全性及经济性(主要表现为非计划停堆次数的减少和能力因子的不断提高)。

本书总结了 NRC 在检查核电厂执行维修规则各个条款的过程中发现的主要问题。

3.3.1 检查的文件

NRC 成立的检查小组在电厂进行检查时，会审查所有与 MR 相关的文件，以 Arkansas Nuclear One 电厂为例，检查中主要涉及下文件：

- Independent Assessment of Maintenance Rule Implementation at Arkansas Nuclear One
- Unit 1—Cycle 13 Maintenance Rule Periodic Assessment，
- Unit 2—Cycle 12 Maintenance Rule Periodic Assessment，
- ANO Maintenance Rule Program
- Structural Review of Maintenance Rule
- Instrument Air Cycle 13 Performance Report
- Decay Heat System ILPI Cycle 13 Performance Report
- ANO Maintenance Rule Implementation Report
- Guidance for Establishing Technical
- Basis for Performance Criteria
- Arkansas Nuclear One (ANO) Generating Station Unit 1 Individual Plant Examination
- Equipment Out of Service Matrix
- Condition Reports

3.3.2　维修规则范围的确定

核电厂向NRC检查组提交了用于确认筛选SSC范围的程序及过程文件，同时也提交了维修规则范围内和维修规则范围外的SSC清单。NRC检查组重点关注了可能纳入但被排除在维修规则范围的SSC，NRC要求业主给出充分的技术依据。

为了确定哪些SSC应纳入维修规则范围内，业主通常会审查最终安全分析报告(FSAR)、应急运行规程(EOPs)、单个电厂审查结果(IPE)及设备清单去判断SSC是否应纳入维修规则的范围内，也会组织专家小组审查行业的运行经验对SSC进行筛选。对于系统设备的功能进行分析的，业主通常会记录在筛选的过程文件中，作为该SSC纳入或不纳入维修规则的技术依据。

检查发现，大多数电厂能够按照NUMRAC 93-01中的方法筛选出纳入维修规则范围内的构筑物、系统和部件。对于某些非安全相关(non-safety-related)系统设备，包括能够缓解事故、应用在应急运行规程、其发生故障会引起跳堆或触发安全系统动作的一些非安全相关系统设备，由于存在理解上的误区，业主没有能够将其纳入在维修规则范围内。包括：主控室报警器、循环厂用水、主泵监测系统、冷凝器抽真空系统、汽轮机润滑油系统等。

另外，检查组发现平均每个电厂会有2～5个SSC或SSC的功能应纳入而未纳入维修规则中的情况。维修规则是一份基于性能的法规，NRC认为只要有充分的技术依据，业主可以灵活的增加或移除维修规则范围内的SSC。

表3-1给出了维修规则范围筛选的几个实例：

表3-1　维修规则范围筛选实例

电　厂	范围筛选情况	说　明
Arkansas Nuclear One，1、2号机组 NRC检查日期：1998年1月26—30日	基本满足，但检查组发现以下系统未纳入MR： 1. 汽轮机厂房集水坑系统(turbine building sump system) 2. 应急照明及通信系统(emergency lighting and communication systems)	1. 汽轮机厂房集水坑系统可能在遇到水淹等灾害时保护应急给水系统厂房内的安全设备。 2. 应急照明和通信系统在EOPs用到(如失去某列直流事故时EOPs中要求进入厂房手动停运相应列的设备)，以节约事故时采取措施的时间
Three Mile Island 1号机组 NRC检查日期：1998年5月18—22日	很好地完成了筛选工作，机组包含323个系统，171个系统纳入MR。其中，82系统确定为风险重要系统。 共识别出1 119个功能，其中确定为MRFF(维修规则功能失效)的有675项，其中217项确定为风险重要类	通过识别每个系统的功能，判断是否为MRFF，能够为不应纳入MR的系统提供充分的依据

续表

电　厂	范围筛选情况	说　明
South Texas Project，1、2 号机组 NRC 检查日期：1998 年 3 月 23—27 日	基本满足，但检查组发现以下系统或功能未纳入 MR： 1. 数字棒控显示系统（digital rod position indication system） 2. 在电气辅助厂房暖通和空调系统在探测到烟雾时将主控室切换为再循环运行模式的功能（The function of the electrical auxiliary building heating，ventilating，and air-conditioning system to automatically and manually transfer control room envelope ventilation to the recirculation operating mode upon smoke detection at the heating，ventilating，and air conditioning inlet）	1. 棒控显示系统在 EOPs 中有调用，帮助操纵员在跳堆后确认反应堆处于完全停堆状态；在 EOPs 中用来确认棒组位置以防止对一回路不必要的加硼措施。 2. 由于对触发安全系统动作理解的不一致，业主未能识别出该功能。INPO 对“safety system actuation”定义为触发应急堆芯冷却系统的动作，但未得到 NRC 认可

3.3.3　风险重要度确定

由于核电厂结构的复杂性，不可能也没有必要对所有部件进行监测。在实际的执行中，核电厂更多是从系统或者列级的角度出发，即对执行安全功能的一组设备制订相应的性能指标。另外，对于那些对风险贡献很低且常处于运行(发生故障会立刻发现)的系统，也没有必要制订单独的系统或者列级的性能指标，而是制订一些电厂级的性能指标(非计划停堆次数、能力因子的降低、安全系统的动作次数)。

因此，风险重要度就是为了确定某系统部件制订相应层级的性能指标，其结果一般分为如下四个部分，见表 3-2。

表 3-2　风险重要度结果划分

Risk-significant & Standby	Risk-significant & Operation
Non-significant & Standby	Non-significant & Operation

只有非风险重要且在运行中的系统部件，才制订电厂级的性能指标，其余三者均可制订系统或列级的性能指标。

该风险重要度的执行方法与 10 CFR 50.69“核电厂构筑物、系统及部件的风险指引型分类”类似，不同之处在于维修规则中的风险重要度确定增加了关于系统部件运行状态的考虑。

NRC检查组审查了业主利用NUMRAC 93-01中所建议的方法确定SSC重要度的过程文件及结果。在确定SSC风险重要度时，大多数核电厂采用了NUMARC 93-01中推荐的RRW、RAW、CDF贡献度方法，也有一些电厂采用了替代的定量方法如：Birnbaum或FV重要度方法。但NRC检查人员发现，如果统一按照NUMARC 93-01中所给定的阈值(RAW＞2，RRW＞1.005，组成90%CDF贡献度的割集)可能无法反映出某些电厂特定的风险配置情况，作为一种补充手段，所有核电厂均组织了具有丰富专业知识的专家，并结合实际的运行经验来确定纳入维修规则范围内构筑物、系统和设备最终的风险重要类。

另外，NRC建议业主采用RRW和CDF贡献度方法确定风险重要类时，应排除与维修不相关的因素(如人因失误、外部事件等)；当出现重要的设计变更、PRA模型升版或采用新的可靠性数据时，需要对重要类的结果重新进行评价。

关于核电厂重要度确定的实例如表3-3所示。

表3-3 风险重要度分类实例

电　厂	风险重要度的确定	说　明
South Texas Project，1、2号机组 NRC检查日期：1998年3月23—27日	1. 业主利用NUMARC 93-01中建议的RRW和RAW来判断PSA(1级＋2级)中SSC的风险重要度，确定32个风险重要的系统。 2. 由于PSA中采用了大事件树/小故障树的分析方法，所以South Texas Project业主认为90%CDF贡献度的方法在此并不适用。为此，业主采用了另外一种方法作为补偿，即计算所有事故序列中某系统完全失效引起的风险—system-level fractional importance。通过该方法，共识别出18个风险重要系统，但这18个均在RRW或RAW所识别的32个风险重要的系统范围内。 3. South Texas Project所成立的专家组采用了Delphi方法对所有系统进行了排序，确定每个系统对减少风险的贡献程度。专家组通过该方法额外地识别出10个风险重要的系统。 4. 因此，该电厂共计42个系统确定为风险重要的系统	1. 检查组还审查了业主用PSA确定风险重要度的应用情况。认为该电厂PSA模型反映了其电厂特定的数据和自1995年以来的改造情况。风险重要度确定中，取截断值为1E-12，总的CDF为9E-6，共有82 839个事故序列。检查组认为业主的PSA质量满足用于MR中风险重要度确定的要求。 2. 检查组认为，专家组在得到PSA风险重要度判定结果前采取Delphi方法对SSC进行排序，避免了PSA结果的“暗示作用”，有利于作出更为综合的判读。 3. 辅助闭式冷却水系统(auxiliary closed loop cooling water system)最初通过PSA判断为风险重要，但其后由于系统模型改变，导致其为非风险重要的系统，另外专家组采用Delphi方法也判定该系统为非风险重要。因此最终将该系统确定为非风险重要系统

续表

电　厂	风险重要度的确定	说　明
Kewaunee 核电厂 NRC 检查日期：1997 年 8 月 4—8 日	1. 两个重要度方法（RAW 和 FV）及 90% CDF 贡献度用来对 PSA 中功能进行分析，部分情况下用了 RRW 代替 FV，此外还进行了风险排序的敏感性分析。 2. 专家组根据 PSA 中某些过于保守的假设及有着替代路径的情况，将部分功能从风险重要变更为非风险重要。 3. 对于未在 IPE 中建模的 SSC，专家组通过审查二级 PSA、行业经验、运维经验及工程判断等来进行风险重要度确定，此方法筛选出了大约 30 个高风险重要的功能	1. 检查组发现该电厂在 1997 年换料大修后开始进行 PSA，但仅整合了 1989 年之前的可靠性和可用性数据，未能反映出近几年的数据变化。此为 MR 执行中的弱项。NRC 指出业主自 1998 年后的每个换料循环都应该进行更新，以支持 MR 的开展。 2. 检查组认为该电厂对 SSC 风险排序的方法可接受，专家组能够有效弥补 PSA 应用的局限性。但 PSA 数据太长时间未进行更新，是 MR 实施中存在的一个问题
Three Mile Island 1 号机组 NRC 检查日期：1998 年 5 月 18—22 日	1. 业主采用 RRW、RAW 及 90%CDF 贡献度的方法判断风险重要度，其 PSA 采用大事件树/小事件树。 2. 除上述方法之外，业主还增加了两种判断方法，一是该 SSC 如果具有安全壳隔离或冷却的功能则为风险重要的；二是对始发事件重要度进行分析，如果某个始发事件对总的 CDF 贡献度超过 1%，则要对导致该 IE 的 SSC 进行审查以判断是否确定为风险重要 SSC。 3. 业主将 PSA 中人因移除（即所有操作均成功），形成新的模型 TMI-1 NOHUMAN model，相比原模型的总 CDF 降低了约 35%。在风险重要度确定时，业主主要采用了该 TMI-1 NOHUMAN model	1. 检查组认为业主新增的两个风险重要度判断方法很好的支持风险重要度的确定，值得借鉴。 2. 检查组认为，业主以 TMI-1 NOHUMAN model 来确定纳入 MR 范围 SSC 的风险重要度，与 NUMARC 93-01 中的建议不一致，但同电厂 PSA 相关人员进行讨论之后，认为该模型所确定的 SSC 风险排序是可以接受的。 注：NUMARC 93-01 中明确提到确定风险重要度时应该排除与维修不相关的因素（如人因失误、外部事件），但未提到直接将 PSA 模型进行更改，检查组可能因为此原因提出质疑

3.3.4　关于(a)(1)与(a)(2)的分类

按照维修规则中的要求，如果核电厂通过正常的预防性维修能够确保构筑物、系统和部件的功能可靠性及可用性指标，那么将这些系统部件放在(a)(2)中进行性能监测即可，无需增加过多的监测条件。当发现这些性能指标无法满足时(如过多的失效次数或不可用度)，应考虑将这些系统部件放在(a)(1)中进行监测，同时应该制订相应的监测目标(如重新制订失效次数或不可用度，或者增加额外的监测手段，包括提高定期试验次数或预防性维修频次等)。而当满足这些目标后，则可将(a)(1)中进行监测的系统设备重新放入(a)(2)中。

NRC 检查组审查了核电厂的维修规则大纲及相应的记录文件，判断纳入(a)(1)或(a)(2)的 SSC 是否合理。应纳入但未纳入(a)(1)进行监测或缺乏对超出性能指标的认识，将会违反 10 CFR 50.65 中的规定，也可能导致无法对这些 SSC 性能进行充分监测和趋势跟踪。

由于将系统部件放入(a)(1)中进行监测说明其性能降低或者有下降的趋势，在一开始执行维修规则的时候，许多业主认为放入(a)(1)的系统部件越多，表明其电厂的预防性维修体系越差。对业主不愿将 SSC 纳入(a)(1)进行监测的情况，已经在 1997 年 3 月出版的第 2 版 RG1.160 和 1997 年 4 月 14 日发布的信息通告 IN97-18 进行了相应的说明。NRC 在检查之后解释(a)(1)和(a)(2)内的数量与核电厂自身的维修体系没有直接的联系，只是监测手段的宽松差别，并建议考虑将纳入(a)(1)进行监测的 SSC 数量作为核电厂自身评价维修有效性的一个内部指标。但 NRC 考虑可将重复返回(a)(1)进行监测的 SSC 数量作为维修规则有效实施的一个评价指标。

关于(a)(1)或(a)(2)进行监测的实例如表 3-4 所示。

表 3-4 (a)(1)或(a)(2)分类监测的实例

电　厂	风险重要度的确定	说　明
Three Mile Island 1 号机组 NRC 检查日期：1998 年 5 月 18—22 日	1. 业主制订的余热排出系统 A 列的不可用指标为连续 2 个换料周期(滚动)内不超过 351 小时，但由于对 A 列余热泵的机械轴封进行了更换导致不可用时间达到了 420.44 小时，因此将该系统置于(a)(1)监测范围。业主解释导致该情况的原因主要由于轴封组件安装程序不完善，已向设备厂家进行咨询并进行程序修订。同时，业主也计划后续将对与余热排出相关的系统同时进行维修，以减少总体的不可用时间。 2. 检查组发现修订的 FSAR 中未能反映出 intermediate closed cooling system 的实际运行状态，实际运行中该系统两个热交换器均处于运行状态，但原始设计中仅为 1 台在役。业主对 UFSAR 进行了升版	检查组重点检查的系统包括：应急给水系统、主蒸汽系统、主冷凝器系统、辐射监测和采样系统、低压安注/余热排出系统、高压安注/补给和净化系统、稳压器、设备冷却水系统等，来确认，(1)是否合理的将不同系统放在(a)(1)或(a)(2)进行监测；(2)是否按照程序及时的将超过指标的系统由(a)(2)调整至(a)(1)监测；(3)所采取的纠正措施是否合理等。 检查组认为该电厂在(a)(1)和(a)(2)分组及相应措施的安排上基本满足要求

续表

电　厂	风险重要度的确定	说　明
Arkansas Nuclear One，1、2 号机组 NRC 检查日期：1998 年 1 月 26—30 日	1. 业主将事故后采样系统(Post Accident Sampling System)置于(a)(2)，制定指标并进行监测。仅对其中一个继电器制定了指标：2 个循环不超过 3 次功能失效、不出现重复性功能失效。 2. 过程辐射监测系统(process radiation monitoring system)为非风险重要系统，包括 2 个 N16 辐射监测仪、2 个主蒸汽管线宽量程辐射监测仪以及 1 个主冷凝器废气辐射监测仪。该系统能够在蒸发器传热管破裂时为主控室操纵员提供相应信息，在 EOPs 中有调用。由于主蒸汽管线的宽量程辐射监测仪中出现部分仪表漂移导致的故障，该系统被置于(a)(1)进行监测。 3. 关于主控室通风系统(Control Room Ventilation System)，检查组发现 1、2 号机组的性能指标不一致：1 号机组中 3 个子系统指标为 2 个循环不超过 3 次功能失效或误触发，第 4 个子系统指标为每循环不出现重复性功能失效；而 2 号机组为每循环不超过 3 次功能失效或每 2 个循环不出现重复性功能故障。并且在 1 号机组主控室通风系统数据库中表明 2 号机组该系统曾因主控室应急冷冻水故障被置于(a)(1)进行监测	1. 检查组认为 PASS 继电器的性能指标不够充分，其理由是每个循环的该系统仅进行一次监督试验，即只会触发一次继电器动作，所以 2 个循环不会出现 2 次以上的失效。对此，业主采取纠正措施如下：(1)修订性能指标(如每 2 个循环不超过 2 次功能失效、不出现重复性失效)；(2)审查 1、2 号机组维修规则中的系统以确认系统/部件的需求或试验频度与所制订的性能指标相一致。 2. 针对过程辐射监测系统，业主采取了短期的纠正措施：修订 N16 监测仪校验程序、安装更为精密的 N16 监测仪并对主蒸汽管线宽量程探测器采取 18 个月定期更换的维修策略。这些措施得到检查组的认可。 3. 检查组在对 1、2 号机组主控室通风系统各状态报告及系统数据库检查发现，1、2 号机组系统指标不一致及 2 号机组该系统置于(a)(1)监测，均为 1、2 号机组系统工程师之间的沟通出现问题，业主随后对修改了 1、2 号机组系统性能指标使其保持一致，并加强了对维修规则数据的审查工作

续表

电　厂	风险重要度的确定	说　明
Vogtle Electric Generating Plant 1、2 号机组 NRC 检查时间：1998 年 1 月 26—30 日	1. 针对核电厂厂用冷却水系统（Nuclear Service Cooling Water），业主在 1996 年 2 月发现由振动诱发的高周疲劳而导致的管道泄漏问题，由于对系统采取维修导致超出每列每循环 50 小时的不可用性能指标，该系统置于(a)(1)进行监测。1997 年 5 月对系统的冷却塔风机进行维修，再次导致不可用指标超出。因此，业主认为 50 小时不可用时间对包括最终冷源功能的 NSCW 系统来说过于保守，将该指标修改为每 18 个月滚动周期内每个泵不可用时间不超过 150 小时。随后的自查中发现，两台泵由于进行定期试验或维修导致的不可用累积时间，依然超出所制定的新指标。因此业主采取了相应的纠正措施：对管道进行替换并安装附加的支撑件；设定目标值为 2 个循环不出现泄漏且每季度进行一次保温层的监测。 2. 关于安全壳隔离系统，由于号机组出现连续的局部泄漏率试验(LLRT)未满足要求，1997 年 10 月业涉及的仪表压缩空气安全壳隔离阀置于(a)(1)进行监测。1 号机组类似设备未曾发现该情况。业主对该问题进行评估后决定进行设计变更。 3. 主蒸汽大气释放阀，未制定相应的性能指标。按照要求，业主审查了以往的工单、纠正措施及维修记录，来制定合适的性能指标	1. 检查组对业主制订的 NSCW 系统纠正措施进行审查发现，业主所采取的纠正措施中，对管道保温层进行临时性监测是合适的，但对于将 NSCW 系统从(a)(1)返回到(a)(2)所进行的最后一次监测结果，应确保有充分理由说明性能指标已满足目标值。业主也同意对系统增加一些无损检测手段。另外，检查组还对运行限制条件 LCO 日志中不可用与 NSCW 系统不可用数据库中记录的不可用信息进行了对比。 2. 对于安全壳隔离系统的其他设备，检查组经过审查认为没有超出性能指标的情况，所以其他设备置于(a)(2)进行监测是合适的

3.3.5 性能指标的制订

不论某构筑物、系统或部件放在(a)(1)还是(a)(2)中进行监测，都应对其制订相应的“维修有效性的验收准则”——性能指标。性能指标的类型主要包括两类数据：可靠性和可用性。

对于 PRA 中已经建模的 SSC，目前核电厂在制订可靠性的指标时通常会利用电厂

IPE 和 PRA 中的数据，结合实际运行维修的历史数据。由于维修规则的监测周期一般为一两个循环，对监测周期内 SSC 的失效率进行监测并不现实(需求次数或运行时间样本过小导致失效率的估计值并不可信)。因此核电厂大多采取了在一个监测周期内以 SSC 的期望失效次数作为性能指标。

对于可用性数据而言，核电厂一般取过去几个循环 SSC 不可用时间的均值加上一个可以接受的阈值作为性能指标。NRC 检查通过审查机组的历史运行事件得出某系统功能的失效率，通过审查机组运行维修日志得出某系统的不可用时间，以此来评价核电厂 SSC 是否超出所制订的性能指标。对于 PRA 中未能建模的 SSC，则主要考虑其运行维修的历史数据及所执行的安全功能的重要性，并通过专家组讨论最终制订出性能指标。

以美国阿肯萨核电厂的主蒸汽安全阀为例，主蒸汽安全阀为保证在事故工况下蒸发器和主蒸汽管线不会超过设计压力的 110%，正常为备用状态，因此对单根管线的安全阀组制订性能准则：在单个循环内，一根主蒸汽管道上的安全阀组不会出现超压保护功能的丧失。由于即使满足上述系统级指标也不能对丧失该超压保护功能进行早期的预警，因此还需要针对单个的安全阀制订部件级的性能指标：单个循环内，一根主蒸汽管道上的安全阀定期试验失效次数<3 次。两个指标相结合，一起对安全阀的维修有效性进行监测。

该电厂在某一循环中多个安全阀的定期试验失败，超出了安全阀部件级性能指标，因此将该组安全阀组纳入(a)(1)中进行监测。并制定了要将试验失效率降低一半的目标。一般放在(a)(1)中进行监测是一种临时行为，任何从(a)(2)移至(a)(1)进行监测的 SSCs，电厂都希望在满足(a)(1)中的目标后移回至(a)(2)中以减少工作量。由于从(a)(1)再移回至(a)(2)需要经过若干次试验(多个循环)，因此电厂制定了相应的短期目标和长期目标，以确保该组安全阀性能有所提升，阿肯萨核电厂对这一蒸汽安全阀组所制定的目标如下。

短期目标：1. 下一循环中所有安全阀进行定期试验均满足±3%整定值裕度的要求；2. 下一循环不满足±1%整定值裕度的安全阀不超过 4 个。注：技术规格书中要求±1%，ASME 规定±3%。

长期目标：1. 下下一循环中所有安全阀进行定期试验均满足±2%整定值裕度的要求；2. 下下一循环不满足±1%整定值裕度的安全阀不超过 3 个。

满足上述条件后，则可转入(a)(2)中进行监测。

关于性能指标制定的实例如表 3-5 所示。

表 3-5 性能指标制定的实例

电 厂	性能指标制定情况	说 明
Vogtle Electric Generating Plant 1、2 号机组 NRC 检查时间：1998 年 1 月 26—30 日	可用性指标：该厂制订设备可用性指标过程中主要基于系统工程师所提供的正常情况下的维修和试验的数据。PSA 专家对此进行了敏感性分析，将制订的可用性性能指标代回至 PSA 模型中进行验证，结果表明 CDF 增加了约 60%，LERF 增加了约 13%。 可靠性指标：所有系统的可靠性指标均制订为在没有出现 MPFF 的情况下，不超过 1 次或多次失效。但对可靠性指标没有进行敏感性分析来判断是否被 PSA 中假设包络。检查期间业主对可靠性指标计算表明对绝大多数设备而言，启动失效和运行失效的期望值均小于 1 次，计算中主要设备采用了真实的需求次数，通用设备采用了相应的估计值	1. 检查组认为业主采用的方法能够确保 PSA 中不可用度可以接受。如果下一循环实际不可用接近性能指标，则 PSA 中的 CDF 应进行相应的更新。敏感性分析能够表明哪些系统不可用增加会显著影响到 CDF，因此可对部分系统设备通过调整其维修策略和计划来减少其不可用从而潜在的降低风险。但该电厂的专家组还未对此进行讨论。 2. 检查组认为对可靠指标还需要进行敏感性分析，并提供给专家组进行评估
Prairie Island Nuclear Generating Plant NRC 检查日期：1996 年 10 月 7—11 日	可用性指标 1：检查组审查了 30 个风险重要的 SSC，部分 SSC 并未制订可用性指标。对某些 SSC 来说，不可用将会导致跳机停堆(如交流电系统、主蒸汽系统、蒸发器等)，因此业主将这些系统指标设在厂级是合理的。对某些导致前沿系统不可用的 SSC(如硼酸储存箱的水位仪表、柴油发电机燃油系统、柴油机厂房通风系统等)，可由前沿系统不可用指标来记录。 可用性指标 2：业主所设的有些可用性指标略微大于 PSA 中的假设，但某些指标超出 PSA 中假设的数十倍之多。敏感性分析表明所设的指标不会显著的影响 CDF(即，所有 MR 中不可用指标都达到的情况下，仅有 28%的 CDF 增量)。 可靠性指标：业主对所有 30 个风险重要的 SSC 均设定每 2 年不超过 2 次 MPFF。且在检查时还未进行敏感性分析和风险重要度排序的影响分析。另外，由于业主并未记录这些系统功能需求次数或设备运行时间，所以检查组认为所设定的指标与 PSA 中假设的失效率之间无任何联系	1. 检查组发现个别系统在 PSA 中有不可用度的假设，但却未制定指标，也发现包括反应堆保护系统、仪表系统未在 PSA 中进行建模。检查中也发现某些多通道的风险重要系统并未在通道级或者设备级设定指标。 2. 检查组发现采用最大的假设后业主未进行额外的风险排序来确认之前的排序结果是否受到较大的影响，但同时考虑到所有设备同时达到最大不可用度几乎不可能，因此检查组认为所设定的不可用指标是可以接受的。 3. 检查组还注意到业主对因定期试验导致的 SSC 不可用没有记录，这使得监测的指标与实际不相符，因此要求业主增加对试验不可用时间的跟踪。 4. 在特定时段内，如果需求次数或运行时间不同，那么同样数量的 MPFF 也会导致对 SSC 可靠性参数估计值产生较大差异，因此检查组认为业主未能对 MPFF 次数与 PSA 中的失效率进行合理的联系

3.3.6 定期评价、可靠性与不可用度之间的平衡

(1)维修有效性的定期评价。

NRC 规定业主每个循环(最长不超过 24 个月)对纳入维修规则范围的构筑物、系统和部件进行一次评价，主要包括：对性能指标、目标的满足程度；预防性维修活动的实施情况；原因分析及纠正措施的执行情况；性能指标和目标的调整等。

在实际执行中，一些业主采取了相对保守的方法，即每个月进行一次简单的评价及调整，通过查询上一个月出现的故障和不可用时间的增加来动态调整后续的目标，形成滚动计划。因为并非每个系统都有以月为单位的定期试验或预防性维修，所以这种方法是针对单个系统逐个进行，每个循环会形成一个完整的评价报告。近年来，也有核电厂采取以季度为单位的定期评价，以减少工作量。

关于维修有效性定期评价的实例如表 3-6 所示。

表 3-6　维修有效性定期评价的实例

电　厂	维修有效性评价的执行情况	说　明
Prairie Island Nuclear Generating Plant NRC 检查日期：1996 年 10 月 7—11 日	检查组审查了业主进行评价的实施程序和 1993—1995 年期间的季度评价情况及年度报告。检查期间，电厂维修协调员在着手制定月度的报告，以为季度评价和年度报告提供一定的补充。检查组发现在 1995 年的评价报告中，未对可靠性及可用性之前的平衡进行评价	检查组认为业主的实施程序及维修有效性的定期评价基本满足要求
Comanche Peak Steam Electric Station 1、2 号机组 NRC 检查日期：1998 年 5 月 11—25 日	1. 第 1 次维修有效评价涵盖了 1995 年 6 月—1996 年 6 月期间 1、2 号机组维修规则的相关内容，其中对 3 个置于(a)(1)进行监测系统给予说明。但没有很好地识别出冷却剂主泵电机在 1996 年 6 月出现的一次故障。 2. 业主的第 2 次维修有效性评价涵盖了 1996 年 6 月—1997 年 12 月实施维修规则的情况。 3. 业主对评价后需要设定目标的 SSC 采取了适当的纠正措施，以改善其性能。另外，业主对置于(a)(2)的 SSC 还设定了一套低于其性能指标的措施级指标(action level criteria)以便于在接近性能指标之前识别该 SSC 的性能劣化	检查组发现虽然该电厂的第 2 次维修有效性评价的周期为 18 个月，但电厂维修规则审查小组却迟迟未发布评价的结果(6 个月后发布)。这里存在对 MR 规定的误解，业主认为 MR 中规定不超过 24 个月即可，但检查小组解释，MR 中的要求应是：每个循环必须进行一次评价，且间隔最长不能超过 24 个月。24 个月的规定是为了便于业主适当的获取一个完整换料循环周期的运行数据并及时向业主管理部门提供信息，从而确定维修活动的有效性

续表

电 厂	维修有效性评价的执行情况	说 明
South Texas Project，1、2 号机组 NRC 检查日期：1998 年 3 月 23—27 日	维修规则协调员通常会每个月(换料期间除外)对两个机组的性能指标、状态监测活动、目标、预防性维修活动进行评价，在每 18～24 个月将这些月度评价进行汇总。截至检查时，仅完成一份两个机组的总结报告(1996 年 2 月 29 日—1997 年 7 月 15 日)。总结报告汇中列出了置于(a)(1)进行监测的 SSC 数量、电厂内部的审核情况、并用图表描述(a)(1)类的信息	检查组认为月度评价和定期的总结报告较为综合，对系统工程师评价所管理的 SSC 来说是非常有用的工具，对置于(a)(1)进行监测的系统来说也便于评价其状态

(2)可靠性与不可用度之间的平衡。

在早期执行维修规则时，由于 NRC 的规定很模糊，而且在 NUMARC 中仅是对通过预防性维修提高可靠性和因维修导致的不可用之间的调整进行了简单的说明，致使业主无法准确地理解和执行这一条款。

以 NRC 在 1998 年对阿肯萨一期电厂两台机组的 CVCS 上充泵为例，有三列 100% 能力的上充泵，要制订的性能指标包括：启动失效率(5%)、运行失效率(5%)及不可用率(5%)。为了满足 NRC 要求的“Balancing Unavailability and Reliability”，业主采取了三者相乘的条件概率的指标：95%×95%×95%=86%，作为该系统平衡可靠性与不可用度的目标值。NRC 检查组认为对 CVCS 整体性能的条件概率监测，是判断其可靠性和可用性平衡的可接受的方法。但同时，NRC 也指出仅监测单一的指标(86%)的变化趋势无法反映出三个具体指标的变化，例如因设计上的改进或运行环境的变化导致设备可靠性的提升，同时因为采取更多的预防性维修或试验导致可用性的降低，并不会明显反映到该条件概率的数值上。

因此大多数业主也分别对所监测设备的启动失效、运行失效及可用性建立指标，以避免发生上述问题。

关于平衡可靠性和可用性的实例如表 3-7 所示。

表 3-7 可靠性和可用性平衡的实例

电 厂	平衡可靠性和可用性的执行情况	说 明
Prairie Island Nuclear Generating Plant NRC 检查日期：1996 年 10 月 7—11 日	1. 业主选择对单位时间周期内失效次数作为可靠性监测的方法，而非多少次需求或多长时间运行情况下的失效次数，与 PSA 中可靠性参数的假设不一致，导致在平衡可靠性和可用性时没有利用有效的可靠性参数。 2. 由于程序中对试验不可用没有相关的说明，业主未记录因试验导致的不可用时间，这与 SSC 真实不可用时间不一致，也会影响对可靠性和可用性平衡的评价	1. 检查组发现业主在 1995 年的年度报告中未对可靠性和可用性之间的平衡进行评价，因此将其列为跟踪项(inspector follow up item)，将于 1996 年再次核查。 2. 有效的评价可靠性和可用性之间平衡的前提，即是要获取真实有效的可靠性和可用性数据
Comanche Peak Steam Electric Station 1、2 号机组 NRC 检查日期：1998 年 5 月 11—25 日	检查组对业主平衡风险重要系统可靠性和可用性的方法进行了审查。其基本的方法就是监测单个系统可靠性和可用性参数是否满足性能指标。如果超出指标，系统工程师将会评价对 SSC 所安排的维修活动是否合适，或者评价失效的根本原因及对可靠性的影响	基于对单个系统性能指标合理性的审查，检查组认为业主所提供的平衡可靠性和可用性的方法是合理的。检查组也注意到业主会视情况调整预防性维修活动
South Texas Project，1、2 号机组 NRC 检查日期：1998 年 3 月 23—27 日	1. 业主对 SSC 性能指标和目标的监测基于月度的基准，认为每月进行监测应该能够在性能超出指标前识别出这种劣化趋势，并且能调整纠正措施。业主的主要关注点在于优化可靠性和可用性，且主要应对那些风险重要 SSC 进行维修活动的调整以确保可靠性和可用性之间的平和。 2. 业主对可靠性和可用性达到平衡有一个假设，即如果设定了恰当的性能指标且这些指标或目标均满足，则说明可靠性和可用性之间达到某种平衡状态	检查组审查了业主进行可靠性和可用性平衡的方法、相关程序及评价结果，认为基本满足 10 CFR 50.65 中的要求

3.3.7 维修活动的风险评价和管理

1999 年之前版本的 10 CFR 50.65 的(a)部分仅包含 3 个条款，其中关于安全系统维修前风险评价的要求放在(a)(3)中：In performing monitoring and preventive maintenance activities, an assessment of the total plant equipment that is out of service should be taken into account to determine the overall affect on performance of safety functions. 该条款规定业主"should"对隔离维修设备产生的影响进行评价，并非强制条款。

由于可以通过更多的在线维修来减少换料大修的工期，NRC 检查人员发现核电厂在功率模式下的维修活动的次数和数量有显著的增加，同时也发现部分业主缺乏对这种潜在风险进行评价和管理的理解，甚至未采取实际的措施，导致部分配置下的维修活动甚至使得机组安全处于不可接受的风险中。

因此 NRC 于 1999 年修订了 10 CFR 50.65，将(a)(3)中关于风险评价的部分单独变更为(a)(4)：Before performing maintenance activities (including but not limited to surveillance, post maintenance testing, corrective and preventive maintenance) on structures, systems, or components within the scope of this section, the licensee shall assess and manage any increases in risk that may result from the proposed maintenance activities. The scope of the assessment may be limited to structures, systems, and components that a risk-informed evaluation process has shown to be significant to public health and safety. 作为强制性的条款，并增加了风险评价的范围。

维修规则中的(a)(4)规定需要对机组运行时进行在线维修或试验的系统设备进行风险评价。在核电厂技术规格书中给出了不同系统的运行限制条件，如果出现多个系统的功能不可用时，技术规格书并没有明确具体的叠加方法或者限制条件。维修规则中的规定，是对不同的电厂配置所带来的风险增量进行限制，是技术规格书的一个补充。例如在 NUMARC 93-01 中给出如下建议。

对瞬时风险：选择的机组配置对应的 CDF$>10^{-3}$/堆年，则尽量不主动进行这种配置下的维修活动，即使进入，也应能确保时间尽可能短，并有充分的管理措施。

累积风险增量：在机组功率运行状态期间，移除某部件进行维修试验时，ICDP(堆芯损毁概率增加量)$<10^{-6}$与 ILERP(早期大规模放射性释放概率增加量)$<10^{-7}$时，属于正常控制范围；当 $10^{-5}<$ICDP$<10^{-6}$、$10^{-6}<$ILERP$<10^{-7}$时，需要按照风险管理控制的要求实施；当 ICDP$>10^{-5}$、ILERP$>10^{-6}$时，应避免进入这种配置状态(尽管这样并不违反技术规格书中的要求)。

目前核电厂在执行(a)(4)的中主要利用专用的在线风险监测软件辅助执行，利用电厂不同配置的状态所对应的颜色来提醒操作人员即将执行活动的风险重要程度。如绿色代表可接受，正常执行；黄色代表少量风险增加，正常控制；橙色代表风险增量较大，需要采取补偿性的预防措施；红色表示不可接受，不应进行维修试验。

另外，在实际执行(a)(4)条款时，核电厂会结合"Risk-Informed Technical Specifications Initiative 4b"(也可能包括 RITSI5A 和 5B，其中 4 是针对设备允许退出时间的调整，5 是针对定期试验监督频度的调整)一起判断是否适合进行在线的维修、试验。

维修活动风险评价和管理的实例如表 3-8 所示。

表 3-8 维修风险评价的实例

电　厂	维修活动风险评价	说　明
Arkansas Nuclear One，1、2 号机组 NRC 检查日期：1998 年 1 月 26—30 日	1. 功率运行模式下，业主利用二维风险矩阵来评价单个或两个设备同时停役对机组产生的风险。风险矩阵可以防止因不同设备同时停役而导致机组处于高风险状态；也用于开展非预期设备失效情况下的机组风险。 2. 对于预防性维修和试验，业主采取的是 84 天(12 周)滚动计划来安排。 3. 停堆管理组利用 EPRI Outage Risk Assessment and Management 软件对纵深防御要求进行评估，以维持停堆模式下需要的安全功能	1. 检查组认为，多个、非风险重要 SSC 停役可能会导致机组进入高风险配置状态，而二维风险矩阵无法对 3 个或更多设备同时停役产生的风险进行评价。另外，风险矩阵中也没有明确系统相关性对停役 SSC 的影响情况。 2. 二维风险矩阵评价在线维修风险的效果有限，因此业主开始着手开发相关的在线风险评价软件
Comanche Peak Steam Electric Station 1、2 号机组 NRC 检查日期：1998 年 5 月 11—25 日	1. 针对维修活动风险评价和管理，业主制定了程序 SAT-604“Work Schelduling”，涵盖了对功率和停堆模式下实施维修和试验活动的指导。对每周的监督试验和在线维修风险评价的详细指导在“Work Control Instruction Manual 203”中进行规定。 2. 业主开发的程序中包括了对电厂配置的预分析，按照不同配置对 CDF 影响的程序进行了分组。程序中还包括指导相关人员对未确定的电厂配置或随机故障的情况进行风险评价的方法。程序中还对如何限制可能导致始发事件的试验或维修进行了说明。 3. 业主编制了“NOutage Safety Function Guides”，其中给出了用于执行安全功能的设备，包括用于反应性控制、电源、水装量控制、安全壳完整性及余热排出等功能，均是停堆工况下的安全评价需要考虑的因素	1. 基于对单个系统性能指标合理性的审查，检查组认为业主所提供的平衡可靠性和可用性的方法是合理的。检查组也注意到业主会视情况调整预防性维修活动。 2. 检查组注意到业主每次仅对一个 MR 范围内的风险重要 SSC 开展维修或试验。 3. 检查组认为该电厂所编制的维修活动风险评价相关大纲非常完善，对停堆期间的风险监测也是合理的，最大可能地确保了用于缓解事故的设备的可用性

续表

电　厂	维修活动风险评价	说　明
Diablo Canyon Nuclear Power Plant 1、2 号机组 NRC 检查日期：1997 年 7 月 7 日—8 月 26 日	业主编制了两套程序 1. AD7. ID4"On-line Maintenance Scheduling"用于确保必要的计划准备和缺点维修目标窗口，一般会提前 5 周时间确定一周时间的维修活动，程序中包括对维修窗口、定期试验、预防性和纠正性维修、设计变更等的考虑。还专门区分了安全和非安全系统。程序中还规定，对于 TS 或设备控制导致中没有具体要求，但却具有缓解事故或确保机组处于安全停堆状态的 SSC，一般会规定有 7 天的 AOT，且要与安全相关 SSC 的处理方式保持一致。 2. 另外一份程序，AD7. DC6 " On-line Maintenance Risk Assessment"用于指导具体的风险评价，目的为了将每个循环每列或每设备限制在一个维修窗口(通常不超过 7 天)，以尽可能减少安全相关和风险重要 SSC 的不可用度	1. 检查组发现业主进行风险评价的软件模型中并没有包括所有的风险重要 SSC，且风险评价程序中没有对热停堆模式下的在线维修进行说明。 2. 业主于 1997 年 3 月份共完成 62 份维修活动的风险评价，但检查组发现其中漏掉了辅助海水泵 (Auxiliary Saltwater Pump)停役的风险评价清单

3.3.8 维修规则的经验反馈

维修规则实施的经验反馈主要来自以下两方面：

一是 NRC 会在不定期对核电厂维修规则检查，不一定是全面的检查，有可能是针对某一方面或某几个重要系统，这其中地方监督站驻厂的检查人员的任务量较大，他们往往会对某些性能指标超出的情况、在线维修试验引起较大风险的情况等与核电厂人员讨论。从这些检查的结果当中，NRC 员工会不定期发布相应的报告或备忘录之类讨论一些共性问题，以供核电厂人员或检查人员参考。

二是行业内的经验反馈，由美国电力研究院 EPRI 每年组织的两次针对维修规则的会议(Maintenance Rule Users Group，MRUG)，其宗旨便是为了促进核电业主实施维修规则中的经验反馈，参会人员基本为 MRUG 会员(包括美国本土和国际其他核电国家的会员参加)，同时也会有 NRC 负责维修规则的员工及 NEI 的相关人员参加。除了在会上能够解决一些业主的问题外，各业主也会将自己的较为详细的报告共享，以供整个 EPRI 会员获取有用的信息。

3.4 美国核电厂实施 MR 后的效果

NRC 在发布及修订 MR 时主要期望通过维修有效性评价来提高核电厂 SSC 性能，以使核电厂能够更安全可靠的运行。按照 NRC 所统计的数据(美国核电厂重大事件发生次数，如图 3-3 所示)表明 90 年代之后呈逐年下降的趋势，除了因核电厂提高自身管理及硬件改造外，基于性能、风险指引型 MR 的实施，也是引起这种变化较为重要的因素之一。

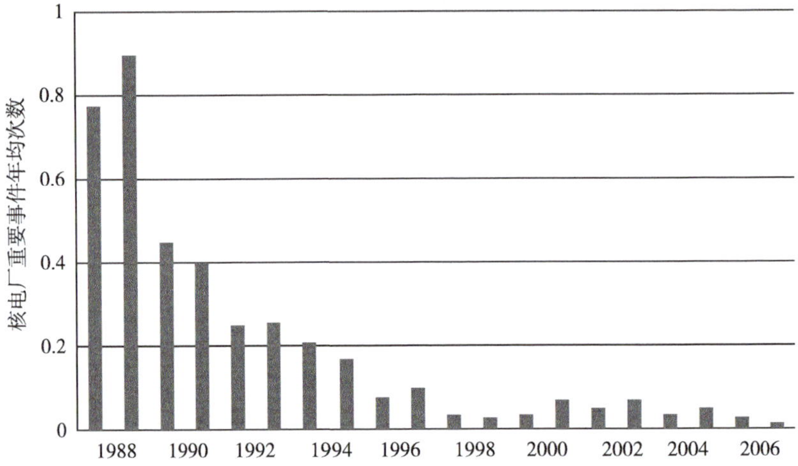

图 3-3　美国核电厂平均重大事件次数

对核电厂经济方面，由于 NRC 不再过多的关注业主维修的实施过程及细节，而是通过比较 SSC 维修后一定周期内的性能表现与核电厂维修规则大纲中已有的 SSC 性能指标(主要包括各 SSC 可靠性、不可用度或性能状态)进行比较，从而判断维修活动是否有效，以及是否需要进行维修手段、频度、监测方式的调整。这种注重结果、对维修风险进行评价管理的 MR 的实施，使得核电厂在控制风险的同时，将更多的大修期间的任务灵活地调整为功率运行下的在线维修或试验，使得本已通过长燃料循环改造的核电厂的停堆换料大修时间逐年降低(见图 3-4)，能力因子得到了进一步的提升(见图 3-5)。

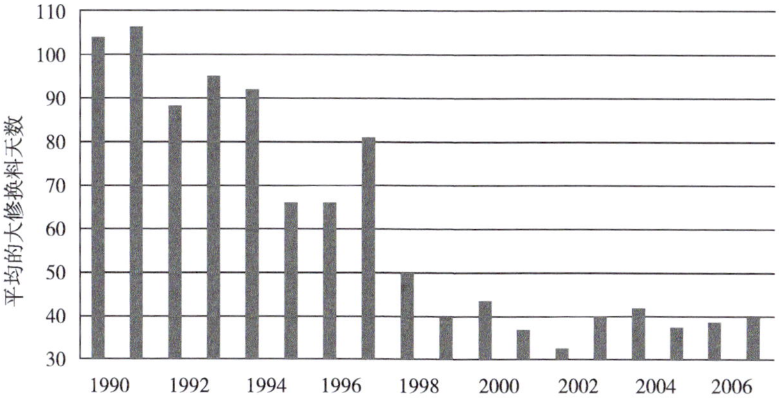

图 3-4 美国核电厂平均换料大修时间

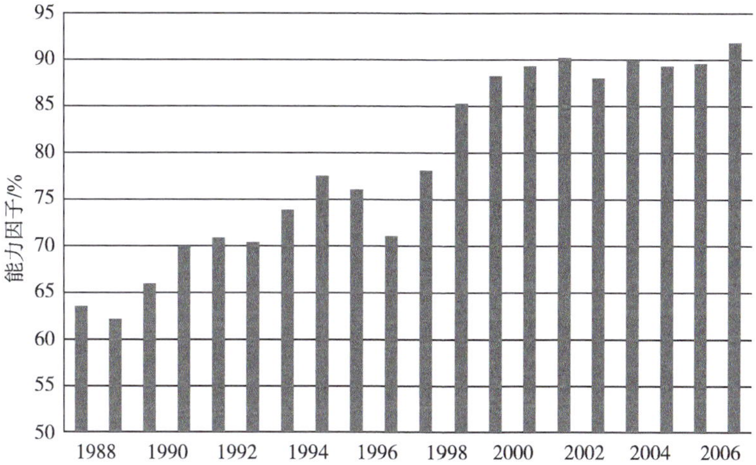

图 3-5 美国核电厂能力因子变化趋势

3.5 国内外技术对比

美国所有核电厂在 20 世纪 90 年代建立了维修有效性评价体系，一些国家和地区(法国、日本、西班牙、中国台湾地区等)也开展了相关工作，但并未对维修规则技术(特别是在线维修)开展深入研究。同时，个别国家受法规要求和许可文件的限制，维修规则未能取得预期效果，影响了技术的推广应用。俄罗斯、英国、韩国等核电国家尚未开展维修有效性评价技术的研究。中国与美国同类技术比较如表 3-9 所示。

表 3-9 国内外技术对比

比较项	美国	中国
文件体系	发布联邦法规 10 CFR 50.65，制定 RG1.160、NUMARC 93-01 及相应的监督程序等技术文件，可较为完整开发和实施维修规则技术	建立完整的技术文件体系，包括监管文件、行业技术标准、实施程序和同行评估指导文件
技术方法	基于概率论分析结果划分风险重要度和设定性能指标	提出了风险重要类的概念，采用确定论和概率论相结合的方法评价风险重要性。在美国设定性能指标方法基础上，提出应用二项式分布和泊松分布的方法，以及性能指标体系的可接受准则
实施范围	所有运行核电厂(包括退役机组)	三大核电基地，后续推广至所有运行核电厂
评估体系	未建立专门的同行评估体系	建立维修规则同行评估体系，并开展评估活动

国内一些单位开展了维修优化的相关工作，发展了以可靠性为中心的维修(RCM)和相应的设备可靠性管理流程(AP-913)。综上所述，我国目前的文件体系和技术方法与美国相当，评估体系更有针对性，技术水平和工作深度超过除美国之外的其他核电国家，各项技术指标全面领先于国内同类技术，但当前已实施维修规则的核电厂尚不及美国广泛，有待全面推广应用。

第四章　维修有效性与其他文件间的联系

在 NRC 制定维修规则前，只有 ASME 第 XI 章对相关的压力容器、管道、泵和阀门的在役检查或在役试验进行标准规范，而且这些规范更多的关注是活动实施的过程。维修规则就是对这一部分规范的补充，更多的关注维修的结果，是“结果导向型”法规。NRC 发布维修规则时，希望该法规的实施不会导致核电厂维修相关文件体系出现大的变更。美国核电厂在实施维修规则后，除个别文件重新编制或修订后，以及增加负责进行维修协调的员工（Maintenance Rule coordinator），负责系统工程师、操作人员、专家组外，具体实施的系统设备维修、试验活动的方法未受到影响。

4.1　MR 与最终安全分析报告

维修规则发布并实施后，NRC 于 2007 年更新了 NUREG-0800，即“Standard Review Plan for the Review of Safety Analysis Reports for Nuclear Power Plants: LWR Edition”，增加了 17.6 章节（Maintenance Rule）的审查内容，并要求所有业主更新其最终安全分析报告（FSAR）相关章节。另外受影响的也包括 FSAR 第 13 章的一小部分内容。17.6 章除了维修规则在实施过程中必须遵守的技术条款外，同时还包括：维修规则培训与资格鉴定、与可靠性保证大纲的接口等内容。

4.2　MR 与技术规格书

美系技术规格书中运行限制条件在一定程度上是为了解决机组 SSC 随机失效的事件（在一封 NRC 人员给 NEI 和 NRR 的信中写道：“It is important for licensees to understand that the allowable outage times specified in plant technical specifications are based upon a random single failure in a system and a judgment of a reasonable time to effect repairs before plant shutdown is required.”），但一直以来业主也利用其作为实施在线维修活动的依据。NRC 认为，TS 中允许退出运行的时间（Allowed Outage Times）

并不适合多个系统设备同时实施维修活动的情况（“Doing preventive maintenance on more than one train or system at a time can result in plant configurations that，although not prohibited by technical specifications，are detrimental to plant safety.”）。

因此，维修规则(a)(4)条款的制订，即是为了解决多系统设备同时实施维修活动(主动或被动)中风险接受程度的问题，对技术规格书的实施灵活性提供了不少的技术支持。在风险指引型技术规格书行动 4B(RITSI 4B)发布之后，就与维修规则的(a)(4)条款共同指导在技术规格书管理下的核电厂配置。由于维修规则也对非安全相关的 SSCs 进行指导，因此有更多的应用范围。

4.3 MR 与概率安全分析

维修规则发布以前，对执行定期试验时的失效次数、在线隔离维修或试验导致的不可用率等不会有特别细致的统计，而这些正是判断相关的构筑物、系统和部件的性能趋势所需要的数据，维修规则的实施推进了这些数据的收集，从而也促进了 PSA 模型和数据的更加完善。

第五章　我国政策法规标准研究

我国核电厂维修有效性工作团队借鉴国际核电发达国家的良好实践，结合我国核安全法规标准体系实际，深入开展核电厂维修有效性监管相关的政策、法规、标准研究，制定发布技术政策 2 份，修订部门规章 1 份，编制技术文件 4 份，推动制定国家标准 1 项，发布团体标准 2 项，促进维修有效性领域的标准化和规范化。

5.1　技术政策

5.1.1　《改进核电厂维修有效性的技术政策》

2017 年 8 月，国家核安全局发布《改进核电厂维修有效性的技术政策（试行）》（国核安发〔2017〕173 号），如图 5-1 所示，对《核动力厂运行安全规定》（HAF103）中关于核电厂维修相关要求的作了进一步补充和拓展，指导核电厂营运单位对维修有效性以及维修活动的风险进行监测和管理。技术政策鼓励各核电厂采用试点、示范的方式开展相关维修活动优化研究，但对于拟申请《运行许可证》有效期限延续的核电厂，明确要求在国家核安全局批准其《运行许可证》有效期限延续前，应建立维修有效性评价体系。

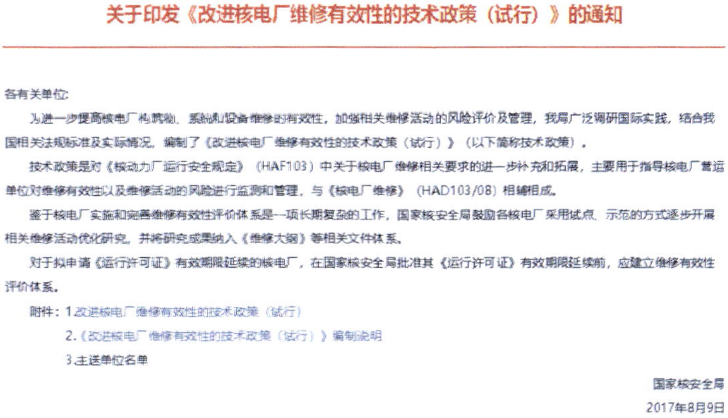

关于印发《改进核电厂维修有效性的技术政策（试行）》的通知

各有关单位：

为进一步提高核电厂构筑物、系统和设备维修的有效性，加强相关维修活动的风险评价及管理，我局广泛调研国际实践，结合我国相关法规标准及实际情况，编制了《改进核电厂维修有效性的技术政策（试行）》（以下简称技术政策）。

技术政策是对《核动力厂运行安全规定》（HAF103）中关于核电厂维修相关要求的进一步补充和拓展，主要用于指导核电厂营运单位对维修有效性以及维修活动的风险进行监测和管理，与《核电厂维修》（HAD103/08）相辅相成。

鉴于核电厂实施和完善维修有效性评价体系是一项长期复杂的工作，国家核安全局鼓励各核电厂采用试点、示范的方式逐步开展相关维修活动优化研究，并将研究成果纳入《维修大纲》等相关文件体系。

对于拟申请《运行许可证》有效期限延续的核电厂，在国家核安全局批准其《运行许可证》有效期限延续前，应建立维修有效性评价体系。

附件：1.改进核电厂维修有效性的技术政策（试行）

2.《改进核电厂维修有效性的技术政策（试行）》编制说明

3.主送单位名单

国家核安全局

2017年8月9日

图 5-1　《改进核电厂维修有效性的技术政策（试行）》

技术政策对核电厂建立和实施维修有效性评价体系提出了总体要求，对维修规则管理范围的确定、风险重要类的确定、性能指标的设定和监测、维修有效性的定期评价、维修活动的风险评价和管理等关键技术要素给出了推荐的方法和原则。改进核电厂维修有效性的技术政策主要内容如下。

(一)维修规则的实施

维修规则实施流程主要包括：

(1)确定所涉及的构筑物、系统和设备范围维修规则所涉及的范围应包括所有安全构筑物、系统和设备。

此外，由于某些非安全构筑物、系统和设备的功能失效也可能危及核电厂的安全运行，导致汽轮机跳闸甚至反应堆紧急停堆等瞬态，因此部分非安全构筑物、系统和设备也应纳入维修规则管理范围。这部分非安全构筑物、系统和设备应包括：

1)最终安全分析报告中给出的用于缓解事故或瞬态的非安全构筑物、系统和设备；

2)事故规程中使用到的能够缓解设计基准事故的非安全构筑物、系统和设备；

3)失效后会妨碍安全功能执行的非安全构筑物、系统和设备；

4)可能导致反应堆紧急停堆、汽轮机跳闸或触发安全系统动作的非安全构筑物、系统和设备，营运单位可根据自身及行业的运行经验筛选出此类非安全相关构筑物、系统和设备。

(2)确定构筑物、系统和设备的风险重要类。

利用概率安全分析(PSA)方法能够有效的确定构筑物、系统和设备的风险重要度，具体可以结合风险减少重要度(RRW)、风险增加重要度(RAW)及堆芯损坏频率(CDF)贡献等方法进行分析。采用PSA以外的其他方法确定风险重要度时，应对方法的适用性进行论证。如通过专家判断风险重要类，则要求专家具备相关领域丰富的经验和足够的能力。

(3)设定性能指标。

维修规则涉及的构筑物、系统和设备数量众多，如果对所有单个设备均设定性能指标，将导致需要监测的性能指标量大大增加，从系统功能来看也是不必要的。在实际操作中，可以按照风险重要度并结合系统实际运行状态的原则来设定性能指标。

可分为4类情况：

1)风险重要且备用：对具体设备或其所处的列设定性能指标(至少应包括：可靠性、不可用度)；

2)风险重要且运行：对相应的列或整个系统设定性能指标(至少应包括：可靠性、不可用度)；

3)非风险重要且备用：对相应的列或整个系统设定性能指标(至少应包括：可靠性)；

4)非风险重要且运行：设定电厂级性能指标(通常包括：非计划停堆次数、非计划能力因子降低、触发安全系统动作次数)。

设定性能指标时可参考核电厂设备可靠性数据和运行维修经验，还应考虑行业内相关系统和设备的可靠性水平。

如需要，营运单位还可通过专家判断对分类情况和具体性能指标进行调整。

(4)性能指标的监测。

对所有纳入维修规则管理的构筑物、系统和设备均应编制相应的预防性维修大纲和/或定期试验大纲("运行到失效"的设备除外)。应当通过适当的方法(预防性维修、检查或定期试验等)来监测这些构筑物、系统和设备的性能状态，并将其与设定的性能指标进行比较，判断这些构筑物、系统和设备是否仍具备执行相应功能的能力。

1)性能状态满足设定的性能指标。

可认为该构筑物、系统或设备保持着执行相应功能的能力，可以继续按照原有预防性维修大纲及定期试验大纲执行相应的维修、试验活动，并继续实施性能监测。

2)性能状态不满足设定的性能指标。

应对此进行根本原因分析，并采取适当的纠正行动(如：调整维修、试验或监督的频度及方法，进行性能趋势分析等)进一步优化维修、试验活动。也可能需要对该构筑物、系统或设备设定额外的性能指标(如：增加状态监测、设定短期及长期应满足的指标等)。必要时，核电厂需要进行工程或设备改造。

3)调整。

按照上述第 2 条款管理的构筑物、系统或设备，在其性能状态持续一定周期内均能满足设定的性能指标后，可以重新按照第 1 条款中的规定执行维修、试验活动。

(5)对维修活动的有效性进行评价。

应对每个换料周期的维修活动进行有效性评价，审查内容应包括：

1)"(4)性能指标的监测"中 3 个条款的执行情况；

2)不能满足性能指标时相应纠正行动的执行情况。

如果对构筑物、系统和设备增加维修，可能会使其可靠性有所提高，但同时将导致其可用度降低，因此应定期对同一构筑物、系统或设备的可靠性和可用度指标进行适当平衡和优化。

(二)维修活动的风险评价和管理

在实施维修活动(预防和纠正性维修、定期试验、维修后的再鉴定等)前，应对维修活动可能引起的风险增量进行评价和管理。

(1)风险评价的范围。

1)功率运行模式下，对于确定为风险重要的构筑物、系统和设备，以及内部事件一级 PSA 模型所涉及的构筑物、系统和设备，应对其维修活动所引入的风险进行评价。

2)停堆模式下，对于在停堆期间执行安全功能(如：余热排出、水装量控制、电源可用性、反应性控制、安全壳密封等)的构筑物、系统和设备，应对其维修活动所引入的风险进行评价。

(2)风险评价方法。

对实施构筑物、系统和设备维修活动所引入风险的评价需利用核电厂 PSA 模型或基于 PSA 的核电厂风险监测器(Risk Monitor)。评价所使用的 PSA 模型(或风险监测器)应对核电厂构筑物、系统和设备及其相关性进行充分建模，能够反映核电厂当前的实际状态，其质量应得到确认。采用 PSA 以外的其他方法进行风险评价时，应对方法的适用性进行论证。

(3)风险管理。

风险管理的目的，是控制因维修活动引起的瞬时风险(指维修活动期间的堆芯损坏频率)和风险增量(指维修活动导致堆芯损坏概率的增加)，使核电厂平均的基准风险变化维持在最小范围内。实际工作中，通过分析风险评价的结果，可以合理地计划和安排维修活动，避免特殊配置下的瞬时风险超过某阈值，并在累积风险增量处于不同阈值范围内采取相应的措施。在进行风险评价和管理时还应考虑核电厂执照文件，如技术规格书的相关规定。

(4)维修活动安排。

核电厂实施维修规则后，营运单位可根据维修有效性和维修风险管理来安排维修活动的方式、频次及实施窗口。

(三)维修规则的使用

国家核安全局鼓励各核电厂按照本维修技术政策优化相关维修活动。核电厂在国家核安全局批准其运行许可证有效期限延续前，应建立维修有效性评价体系，对其能动设备、包含能动设备的系统及构筑物实施本维修规则。为各核电厂构筑物、系统和设备设定一套适当的性能指标或维修目标体系是一项复杂的持续性工作，需要长期监测分析和不断优化完善。鉴于国内核电厂类型较多，设备种类繁杂，国家核安全局将从实际情况出发，采用试点、示范的方式逐步推进维修规则相关工作，待积累一定经验后再纳入核安全法规要求。

5.1.2 《核电厂配置风险管理的技术政策》

2019 年 12 月，国家核安全局发布了《核电厂配置风险管理的技术政策(试行)》(国核安发〔2019〕262 号)，如图 5-2 所示，用于指导核电厂营运单位建立和优化核电厂配置风险管理体系，保障核电厂运行安全。该文件中的相关内容为维修活动的风险评价和管理给出了更进一步的规定，要求采用设定风险阈值，建立风险管理矩阵，使用风险监测工具的方式开展维修配置风险管理。

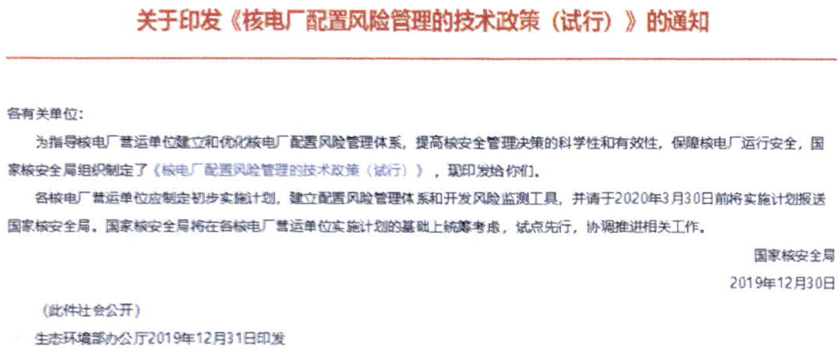

关于印发《核电厂配置风险管理的技术政策（试行）》的通知

各有关单位：

为指导核电厂营运单位建立和优化核电厂配置风险管理体系，提高核安全管理决策的科学性和有效性，保障核电厂运行安全，国家核安全局组织制定了《核电厂配置风险管理的技术政策（试行）》，现印发给你们。

各核电厂营运单位应制定初步实施计划，建立配置风险管理体系和开发风险监测工具，并请于2020年3月30日前将实施计划报送国家核安全局。国家核安全局将在各核电厂营运单位实施计划的基础上统筹考虑，试点先行，协调推进相关工作。

国家核安全局

2019年12月30日

（此件社会公开）

生态环境部办公厅2019年12月31日印发

图 5-2 《核电厂配置风险管理的技术政策(试行)》

核电厂配置风险管理的技术政策主要内容如下。

(一)配置风险管理的实施

核电厂配置风险管理实施流程包括确定风险阈值、建立风险管理矩阵和评价配置风险等 3 个步骤。

(1)确定风险阈值。

核电厂营运单位应在满足监管要求的前提下，根据核电厂实际情况确定一套风险阈值(通常包括瞬时风险和累积风险)来对应不同的风险水平分类。确定的风险阈值应该能够有效地区别不同的风险水平，同时考虑不同风险管理活动所需的资源投入，以有效利用资源。

(2)建立风险管理矩阵。

核电厂营运单位应根据已确定的风险阈值建立风险管理矩阵，可将风险矩阵划分为风险可接受的正常控制区、需要控制风险的风险管理区(1 个或多个)和风险不可接受区。本技术政策给出三个风险区的实施方法，核电厂营运单位可根据需求对风险管理区进一步细分。如表 5-1 所示，不同的风险区按照风险从低到高，用不同颜色区域(绿、黄、红)来表示。

表 5-1　核电厂风险区划分

运行(随机不可用)	风险区域	维修(计划不可用)
风险不可接受，需立即采取措施	风险不可接受区(红区)	不主动进入该配置
需要控制风险，维修应尽快完成，同时可能需要采取补偿措施	风险管理区(黄区)	评价不可定量因素，制定风险管理措施
风险可接受，正常维修即可	正常控制区(绿区)	正常工作控制

(3)评价配置风险，采取相应行动。

运行配置风险管理：在核电厂发生运行异常，导致一个或多个安全重要设备不可用时，核电厂营运单位除执行技术规格书中规定的措施以外，还需采用风险监测工具评价配置风险，并根据风险所处的区域采取相应的行动。通常，处于绿区，正常执行维修活动；处于黄区，维修行动需尽快完成，允许配置时间由累积风险限值计算结果来确定，必要时需采取补偿措施；处于红区，则需立即采取行动降低风险，若机组处于功率运行状态，则需要立即停堆后撤，使机组处于可接受的风险水平。

维修配置风险管理：在核电厂实施维修活动前，需采用风险监测工具对维修计划进行配置风险评价，并根据风险所处的区域采取相应的行动。通常，处于绿区，按照正常的工作控制；处于黄区，则需评价不可定量的因素，并制定风险管理措施；处于红区，则不允许主动进入该风险配置。如果评价结果表明当前配置下开展既定的维修活动有较大风险，核电厂营运单位需调整维修活动时间窗口。

计算出配置风险后，核电厂营运单位还应对评价结果进行评估，如识别出当前配置下的主要风险贡献项等，根据风险所在区域采取相应行动，必要时采取相应的风险补偿措施。

(二)配置风险管理的风险阈值

核电厂配置风险管理中的风险阈值是针对不同的风险指标来确定的，一套风险指标与对应的风险阈值共同构成了配置风险管理中衡量风险高低的尺度。风险阈值通常包括瞬时风险和累积风险两类定量风险指标。

参考国际上的良好实践，并结合我国核电厂实际情况，本技术政策给出了一种可接受的为各风险区域确定风险阈值的方法。

(1)运行配置风险管理。

1)运行配置风险管理的风险阈值主要考虑瞬时风险，推荐采用基准风险(包括 CDF 和 LERF)的 2 倍作为风险管理区下限值(绿区上限值)。

2)推荐采用 10^{-3}/堆年(CDF)作为风险管理区上限值(红区下限值)。

3)推荐采用累积风险限值 ICDP$<10^{-6}$和 ILERP$<10^{-7}$计算允许配置时间，取其中较小值。在评价不可定量因素并采取了控制风险的措施后，允许配置时间可以延长到 10 倍。

(2)维修配置风险管理。

1)维修配置风险管理的风险阈值主要考虑累积风险增量，推荐采用 10^{-6}(ICDP)和 10^{-7}(ILERP)作为风险管理区下限值(绿区上限值)。

2)推荐采用 10^{-5}(ICDP)和 10^{-6}(ILERP)作为风险管理区上限值(红区下限值)。不允许维修活动过程中瞬时风险指标 CDF 达到 10^{-3}/堆年。

(三)其他相关说明

(1)运行配置风险管理与维修配置风险管理采用的累积风险限值相一致，如果核电厂发生突发运行异常，瞬时风险进入黄区，而相应维修活动的累积风险增量仍处于绿区，核电厂可以进行正常工作控制。

(2)上述风险阈值对应的是全范围始发事件的风险，如果核电厂 PSA 范围尚不完善，可通过补充额外分析来扩大范围或对风险阈值进行适当调整。

(3)国家核安全局鼓励核电厂采用比推荐值更严格的风险阈值，尽量降低风险，进一步提高安全水平。

(4)核电厂营运单位确定风险阈值的过程及最终确定的风险阈值应形成文件，可供国家核安全局检查或评估。

(四)配置风险管理工具的开发和应用

核电厂营运单位应按照本技术政策对核电厂运行和维修活动进行配置风险管理，并制定实施计划，及时地建立配置风险管理体系和开发风险监测工具。核电厂营运单位在执行本技术政策时应保证核电厂安全水平得以维持甚至提高。

国家核安全局将逐步制定和发布核电厂风险监测工具开发及使用的技术指导文件，并通过适当的方式(如同行评估等)确认核电厂风险监测工具的质量。

5.2 法规文件

5.2.1 《核电厂维修有效性监测行业指导》

2017 年 12 月，国家核安全局发布了核安全译文《核电厂维修有效性监测行业指导》(NNSA-0220)。该文件以美国核管理与资源委员会(NUMARC)2010 年发布的 NUMARC 93-01 第 4 版为蓝本进行翻译，针对核电厂建立和实施维修有效性评价体系给出了详细的流程、步骤、方法和准则。本文件协助业界实施正式版维修规则、推进其建立重大进展并利用相应的程序和设施推进维修活动，为筛选纳入维修规则范围内的构筑物、系统和设备提供了具体的过程，也给出建立核电厂风险重要性及性能指标的过程，以确定未能满足性能指标的维修规则范围内的构筑物、系统和设备是否需要设定相应目标。

5.2.2 《核电厂维修规则实施大纲编制指南》

2020 年 6 月，国家核安全局制定并发布了《核电厂维修规则实施大纲编制指南》(核电函〔2020〕12 号)，旨在指导与规范核电厂营运单位《核电厂维修规则实施大纲》，以及《核电厂维修有效性定期评价报告》《核电厂维修活动风险分析与管理评价表》等核电厂维修有效性评价体系的其他相关文件的编制。《核电厂维修规则实施大纲编制指南》的主要内容如下。

(一)大纲的目的

本章应简要描述核电厂营运单位编制维修规则实施大纲的目的。

(二)大纲中的术语、定义与缩略语

本章应描述维修规则实施大纲中涉及的主要术语，并给出定义，如维修规则、维修有效性等。

本章还应列出维修规则实施过程中各技术流程以及报告中涉及的缩略语，具体可参考如下格式：

缩略语 英文 中文

MREP Maintenance Rule Expert Panel 维修规则专家组

MRC Maintenance Rule Coordinator 维修规则协调人

PSA Probabilistic Safety Assessment (Analysis)概率安全评价/分析

(三)大纲的适用范围

本章应描述核电厂维修规则实施大纲的适用范围，确定维修规则在核电厂的实施范围，包括机组、系统以及相关的管理体系等信息。

(四)组织与职责

本章应描述核电厂营运单位实施维修规则的组织机构及其职责。

(1)组织机构。

本节应描述核电厂营运单位为开展维修规则工作所建立的组织机构，包括涉及的部门以及组织。考虑到开展维修规则工作的通常模式，如有必要时，核电厂营运单位应组建维修规则专家组，明确相关职能与职责，规定运作方式，并制定维修规则专家组的工作程序。

(2)职责要求。

本节应描述核电厂营运单位涉及维修规则工作的各部门及组织和相关人员的职责要求。在核电厂实施维修规则时，通常涉及总经理/副总经理、各技术领域的项目经理或类似岗位、维修规则协调人、维修机构和人员、设备管理机构和人员、维修规则专家组、技术负责机构和人员、运行生产部门和人员以及生产计划机构和人员等组织机构及岗位，本节应明确规定上述涉及部门和人员的相应职责，以及相关人员的资格要求等。

如：维修规则协调人。

- 负责组织和召开 MREP 定期/不定期会议；
- 负责维护和管理维修规则相关的技术导则等文件；
- 通过审查性能指标定期监测报告和预防性维修工作记录，预判潜在的维修规则功能故障(MRFF)；
- 将新发生的可通过维修预防的功能性失效(MPFF)与历史发生过的 MPFF 进行比较，以筛选出重复发生的 MPFF；
- 在每个换料周期，进行核电厂维修有效性的定期评价，编写评价报告；
- 维修规则协调人应满足如下人员资格要求：
- ……

此外，在核电厂维修规则实施大纲中还应规定核电厂开展维修规则工作的相关人员培训与考核的要求。

(五)维修规则的实施

本章应描述实施维修规则的构筑物、系统和设备范围界定、风险重要类确定、性能指标设定、性能指标监测、(a)(1)纠正行动与目标制定、定期维修有效性评价、维修活动的风险评价与管理等内容。

(1)界定构筑物、系统和设备范围。

本节应描述确定维修规则范围内构筑物、系统和设备的方法、流程，以及筛选原则，如果采用专家判断或其他方法确定，则需要将判断过程，如专家组会议纪要、分析计算报告等形成文件，必要时作为筛选清单的附件。

核电厂营运单位可根据自身及行业的运行经验开展核电厂维修规则范围内构筑物、系统和设备筛选，主要使用的筛选准则应包括如下内容：

1)包括所有安全构筑物、系统和设备；

2)部分非安全构筑物、系统和设备：

- 最终安全分析报告中给出的用于缓解事故或瞬态的非安全构筑物、系统和设备；
- 事故规程中使用到的用于缓解设计基准事故与选定超设计基准事故的非安全构筑物、系统和设备；
- 失效后会妨碍安全功能执行的非安全构筑物、系统和设备；
- 可能导致反应堆紧急停堆、汽轮机跳闸或触发安全系统动作的非安全构筑物、系统和设备。

核电厂营运单位在开展构筑物、系统和设备筛选时可以对上述筛选准则进行更进一步的解释和说明，增加筛选过程的可操作性与过程记录的完整性和清晰程度。筛选出的最终构筑物、系统和设备清单可作为大纲附录。

(2)确定风险重要类。

本节应描述确定构筑物、系统和设备风险重要类的分析方法，如利用概率安全分析方法，根据对堆芯损伤频率的贡献以及风险减少重要度(RRW)、风险增加重要度(RAW)等有效地确定构筑物、系统和设备风险重要类。如果采用专家判断或其他分析方法，需要说明其适用性，并将专家判断的过程和结论文件化，必要时作为附件，使之可供监督检查。

本节应对所采用PSA方法的重要度准则进行说明，包括重要度准则的取值、PSA模型范围、基本事件和重要度对照表等，并描述确定风险重要类的流程、步骤。确定的风险重要类清单可作为大纲附录。

(3)设定性能指标。

本节应描述实施维修规则过程中性能指标设定的流程、性能准则的参数选取原则、以及性能指标设定的原理和方法。维修规则中，根据风险重要类和系统的运行/备用状态，在设定性能指标时将其分成了四类，即风险重要且备用、风险重要且运行、非风险重要且备用和非风险重要且运行，并根据不同的类型确定不同的指标层级。表 5-2 给出了性能指标设定层级与风险重要类的关系。

表 5-2 性能指标层级设定与风险重要类关系表

维修规则功能风险重要类	指标层级	可靠性	不可用度	状态
风险重要(备用)	设备级/列级			
风险重要(运行)	列级/系统级			
非风险重要(备用)	系统级			
非风险重要(运行)	厂级			

对采用的状态参数(如振动、温度、压力等)，需要在对其合理性和适用性以及状态参数的选取、取值描述清楚，并且需要记录性能准则的变更。

本节应描述性能指标设定后(包括单个性能指标和核电厂全部的性能指标)对电厂的风险影响评价，保证制定的性能指标符合核电厂安全目标的要求。

本节应描述对性能指标参数进行调整的方法、原则和考虑因素。

性能指标设定的结果可作为大纲附录。

(4)性能指标监测。

本节应对滚动时间范围内的性能指标的持续监测和趋势跟踪做出安排，确定性能状态不满足设定的性能指标时构筑物、系统和设备纳入(a)(1)管理范围的性能判定准则，评估性能状态满足设定的性能指标时构筑物、系统和设备在(a)(2)管理范围下对预防性维修工作的绩效，包括预防性维修工作的有效性以及预防性维修工作调整的要求。

(5)(a)(1)纠正行动与目标制定。

本节应描述纳入(a)(1)管理范围构筑物、系统和设备的监督审查内容，包括但不限于将构筑物、系统和设备纳入(a)(1)管理范围的原因，并开展风险评估，制定纠正行动，重新设定性能指标与目标等内容。应描述设备失效的原因分析和采取的纠正行动，制定构筑物、系统和设备的目标，并对其性能趋势进行监测，确定返回(a)(2)管理范围的条件等内容。

(6)定期维修有效性评价。

本节应描述对每个换料周期的维修活动进行有效性评价的内容。包括：(a)(1)管理范围内的构筑物、系统和设备开展的目标设定和监测，评价其设备性能及趋势，并对其进行目标设定和制定纠正措施，以及对新进入(a)(1)管理范围的构筑物、系统和设备进行管理，评价其纠正措施有效且监测目标达成的情况；对(a)(2)管理范围内的构筑物、系统和设备评估其性能指标是否需要调整或改进，并评价其性能指标的有效性。

本节应描述针对 MPFF 所采取的纠正行动是否有效或导致性能降级的情形，并对行业的运行经验进行评估，以确定性能指标的合理性的要求。

本节应描述对可靠性/可用性之间的平衡和优化进行评价的要求，包括对(a)(1)和

(a)(2)管理范围的构筑物、系统和设备开展可靠性/可用性之间的平衡和优化。应在定期评价报告中详细描述维修有效性定期评价的结论。

本文件还给出核电厂维修有效性定期评价报告的格式与内容。

(7)维修活动的风险分析与管理评价。

本节应描述核电厂营运单位在执行维修活动时开展风险分析和管理评价的相关流程，包括确定需要开展风险评价的维修活动的范围、PSA 模型、风险评价方法和流程，确定风险管理的阈值和各阈值情况下的风险管理措施，建立风险评价模型的管理程序，以及定期对评价模型进行更新、升级和维护。

本文件还给出维修活动风险分析与管理评价的格式与内容。

(六)参考文件

本章应列出维修规则实施大纲编制过程中参考的文件，包括法律法规、强制性国家标准、部门规章、核安全技术政策、导则、推荐性国家标准、核电厂安全分析报告、技术规格书等。

5.2.3 《核电厂维修大纲的格式和内容》

2020 年 6 月，国家核安全局发布了《核电厂维修大纲的格式和内容》(核电函〔2020〕13 号)，用于指导核电厂营运单位编制维修大纲、改进维修有效性，并规范核安全审评工作。本文件中与核电厂维修有效性相关的主要有以下 4 个章节内容。

(一)“第 3 章　维修规则的实施”

如果营运单位实施了维修有效性评价和风险管理，宜通过本章给出实施维修规则中构筑物、系统和设备范围筛选的过程和结果、风险重要类确定和性能指标设定的方法等。

3.1　构筑物、系统和设备的范围筛选

3.1.1　筛选方法

可依据《改进核电厂维修有效性的技术政策(试行)》，并参考《核电厂维修有效性监测行业指导》确定本电厂构筑物、系统和设备筛选原则，宜在此节详细描述筛选方法和过程。

3.1.2　筛选结果

3.1.2.1　安全构筑物、系统和设备的范围

确定为安全构筑物、系统和设备均应纳入，可说明每个系统所具备的安全功能，安全分级应与最终安全分析报告中一致。

3.1.2.2　非安全构筑物、系统和设备的范围

任何满足 3.1.1 中筛选条件的非安全构筑物、系统和设备均应纳入，且宜说明筛选的理由。上述筛选结果作为本大纲的附录，其范围宜结合 3.3 节性能指标设定的结果(即与指标层级相适应的筛选结果)，其格式可参考本文件附录。

3.2　风险重要类的确定

本节明确营运单位确定构筑物、系统和设备风险重要类的主要方法，即利用概率安全分析(PSA)，可以结合风险减少重要度(RRW)、风险增加重要度(RAW)及堆芯损坏频率(CDF)贡献等方法进行分析。

如采用 PSA 以外的其他方法确定风险重要类时，应在本节描述对该方法适用性所进行的论证工作。

3.3　性能指标的设定

本节给出设定构筑物、系统和设备性能指标的具体方法，包括：

3.3.1　性能指标的分类原则

说明营运单位对性能指标分类的原则，可参考技术政策中的分类。

3.3.2　性能指标设定的方法

说明可靠性指标和可用性指标的设定中所采用的方法和可接受准则等。

3.4　性能指标的监测和调整

说明营运单位通过哪些方法(预防性维修、检查或定期试验等)来监测这些构筑物、系统和设备的性能状态，并说明监测结果与设定的性能指标进行比较后，对性能指标的调整原则。

本大纲中宜说明 3.2、3.3 和 3.4 节所涉及具体内容体现于营运单位哪些文件(如《维修规则实施大纲》)。

2020 年 11 月，国家核安全局发布了《核电厂维修有效性监督检查程序》(核电函〔2020〕28 号)，用于规范生态环境部(国家核安全局)对核电厂运行阶段维修有效性的监督检查活动。该文件给出了对核电厂维修有效性进行检查的工作要求和流程，以及具体的检查内容。

(二)“第 7 章　维修活动的实施”

7.1　维修计划

7.1.1　维修计划的编制原则

说明营运单位在编制维修计划时满足的基本原则，包括：遵守核安全法规、导则和核安全许可文件的相关规定，满足核电厂运行限值和条件；日常维修和试验的计划安排必须与机组的运行状态、执行部门人力、物力的准备情况相结合；应合理利用电厂任何停堆的时机进行必要的维修安排等。

7.1.2　维修计划管理

营运单位对核电厂维修活动的实施应进行详细的计划管理。应确保有足够的维修资源可供调配，并保证安全重要物项的维修得到优先安排，从而确保核电厂的安全，并尽量降低因维修导致的设备的不可用率。通过将各种类型的维修计划组成一个完整的计划体系，实现对维修活动的整体控制，达到确保电厂安全，降低系统、设备的不可用率，保证维修实施进度，协调工作接口，均衡工作负荷的要求。说明日常维修计划的制订及其包括的类型，如年度维修计划、季度维修计划、维修活动周计划、维修活动日计划和停机停堆小修计划。

说明换料大修计划编制的原则、编制过程、换料大修中的管理等。如：换料大修计划由大修中长期计划、大修项目计划组成，其中大修项目计划分为框架计划、大修主线计划、系统/设备检修计划等。

7.2　维修实施前的准备

说明维修实施前工作包、实施部门及人员、备件、材料和工器具、程序等的准备。

7.3　维修过程

说明营运单位对构筑物、系统和设备实施预防性维修和纠正性的主要过程，可选用具有代表性的设备类进行说明。

7.4　对辐射照射的控制

说明在执行维修活动中对辐射照射的控制。维修活动实施期间的辐射照射应通过制定相应的程序来进行管理。尤其是对于重大的维修活动设定单次个人有效剂量或集体剂量，若超出该设定值，应进行原因分析。

7.5　维修后鉴定试验

本节宜对系统或部件在维修活动后、恢复运行前应进行相应鉴定试验的原则进行说明，以保证达到维修目标，满足这些系统或部件的正常运行限值和条件。

7.6　维修的监督、审查和监查

本节宜说明对维修活动进行监督、审查和监查的情况，确保维修活动符合核安全法规、标准规范、质量保证大纲及程序的要求；由不直接执行维修任务且具备相关资质的人员按程序要求进行维修监督、审查和监查。

维修监督、审查和监查的重点宜包括：预防性维修计划及其实施是否恰当；对纠正性维修要求的响应；辐射剂量控制的有效性；维修资源的可用性和有效性；人员培训和技能水平；质量保证要求的遵守程度；程序和细则的适用性；维修大纲内部审查功能的有效性等。

(三)“第 8 章　维修有效性评价”

开展维修有效性评价工作是通过监测构筑物、系统和设备的实际性能状态来判断预防性维修/定期试验等大纲中关于维修/试验类型、范围及频度等规定是否充分、合理和有效，是否存在维修过度或不足，并通过有效的管理程序对大纲进行优化，最终实现维修优化的目的。

如果营运单位已实施维修规则工作，宜通过本章给出营运单位对维修有效性进行定期评价的范围和方法，主要包括：

• 构筑物、系统和设备的性能监测结果是否满足所设定的性能指标；

• 构筑物、系统和设备风险重要类是否变化；

• 构筑物、系统和设备的性能趋势变化；

• 未满足性能指标时所采取的纠正行动等。

维修有效性评价后，应利用所获得的相关信息对现有预防性维修/定期试验大纲进行适应性修改，每个燃料循环形成《维修有效性评价报告》。

(四)“第 9 章　维修活动的风险评价和管理”

本章说明营运单位对机组维修活动的风险评价和管理制定的相关规定。如果营运单位已实施维修规则工作，宜采用本章的格式和内容；如果营运单位还未实施维修规则工作，可参考国家核安全局所发布的《核电厂配置风险管理的技术政策(试行)》中“维修配置风险管理”的相关要求编写本章内容。

9.1　风险评价的范围

说明机组功率运行和停堆期间对维修活动进行风险评价的范围。

9.2　风险评价的方法

说明营运单位针对机组不同运行模式和维修活动所采用的风险评价方法，包括定量、定性或二者结合的方法。

采用定量评价的部分，宜简要阐述所使用 PSA 模型或基于 PSA 的风险监测器(Risk Monitor)已对核电厂构筑物、系统和设备进行充分建模，能够反映核电厂当前实际状态，并对 PSA 模型和风险监测器的质量予以说明。

9.3　维修活动的风险管理

维修活动的风险管理是通过控制维修活动引起的瞬时风险和累积风险增量，使核电厂平均基准风险变化维持在最小范围内，并在风险增量超过某个阈值的情况下采取额外控制措施。

本节需要给出营运单位所确定的风险阈值(包括瞬时风险和累积风险)，并确定不同维修活动引入风险范围所对应的控制措施。

此外，需说明维修活动风险评价和管理形成的过程文件，如《维修活动风险评价单》等。

5.2.4　《核电厂维修有效性监督检查程序》

2020 年 11 月，国家核安全局发布了《核电厂维修有效性监督检查程序》(核电函〔2020〕28 号)，用于规范生态环境部(国家核安全局)对核电厂运行阶段维修有效性的监督检查活动。本文件可用于确认营运单位建立的维系有效性评价体系(即维修规则)运转有效。《核电厂维修有效性监督检查程序》的主要内容如下。

(一)主要工作内容与要求、流程

检查流程参照《核设施的安全监督》(HAF001/02)以及《核与辐射安全监督检查指南》等文件执行。对于检查中发现的问题，按《核与辐射安全监督检查指南》的要求编制检查记录单。

(1)频度和选择原则。

1)频度。

原则上，检查频度按厂址每年1次，至少抽查1台机组，对多堆型厂址，可根据具体情况设定检查频度。可根据评估结果、经验反馈等情况对监督检查频度进行调整，但不应低于上级程序文件要求。

2)抽取原则。

对性能指标监测和调整的监督检查，重点关注进入和退出(a)(1)的情况，以及性能指标的调整情况。

(2)维修有效性监督。

维修规则整体运转情况的监督检查包括以下4个部分：管理体系(包括构筑物、系统和设备清单管理)、性能指标的监测和调整，维修活动的有效性定期评价、维修活动的风险评价与管理。

1)管理体系的监督。

检查营运单位：

- 所使用的《核电厂维修大纲》《核电厂维修规则实施大纲》及其配套文件有效；
- 按照《核电厂维修规则实施大纲》设置了相应的组织机构和岗位，配备了合格的人员；
- 明确了纳入维修规则管理的构筑物、系统和设备，确定了风险重要度并制定了相应的性能指标，确定了核电厂特定的风险阈值和管理行动矩阵。

2)性能指标监测和调整的监督。

检查营运单位：

- 按照要求对构筑物、系统和设备开展了性能监测并记录结果；
- 当不满足设定的性能指标时，按照程序进行了处置；
- 对进入和退出(a)(1)的情况按照准则和程序进行了管理；
- 在每次对性能指标调整时均评价了对风险的影响。

3)维修活动的有效性定期评价的监督。

核查营运单位：

- 按照要求开展了定期评价，并采取了相应的纠正行动；
- 根据评价结果进行调整时，关注了可用性与可靠性指标的平衡，并经过了评价。

4)维修活动的风险评价与管理的监督。

核查营运单位：

- 所使用的配置风险管理大纲及其配套文件有效，明确了维修活动风险评价范围清单，确定了核电厂特定的风险阈值和管理行动矩阵；
- 对清单内的构筑物、系统和设备所开展的维修活动，均在维修活动前进行了风险评价；
- 风险评价单内容完整，采用的风险阈值和行动与配置风险管理大纲规定一致，提出的风险管理措施得到了落实。

(二)需收集和保存的文件或记录

作为核与辐射安全监管活动有效实施的客观证据，并确保工作的可追溯性，对检查中形成或收集的材料，责任单位应在职责范围内完整整理和保存。对重要的文档资料，在档案部门统一归档管理。需收集的详细文档清单如表 5-3 所示。

表 5-3　检查中需要收集保存的文件和记录

序号	文档类别	责任部门	档案部门
1	监督检查通知	保存	—
2	监督检查记录单	保存	—
3	监督检查报告	保存	—
4	检查报告整改情况的报告	保存	—

(三)附件

本部分还给出了《核电厂维修有效性监督检查内容》和《监督检查记录单模板》。

5.2.5　《核动力厂调试和运行安全规定》(HAF103)的修订

2021 年，国家核安全局完成了《核动力厂调试和运行安全规定》(HAF103)的修订工作，该文件反映了我国核电厂运行监管的良好实践和探索，增加内容：“6.6 营运单位应当建立维修有效性评价体系，以保证核动力厂构筑物、系统和设备能在设计基准规定的所有条件下有效的执行其预定的安全功能。实施基于性能、风险指引的维修有效性评价体系时，应包括：(1)确定管理范围；(2)确定风险重要类；(3)制定性能指标；(4)性能指标监测；(5)定期有效性评价；(6)维修活动的风险评价与管理。”国家核安全局同步启动了 HAF103 下层导则的制修订工作，计划新编制核安全导则《核动力厂维修有效性评价》。

5.3　技术标准

2020 年 11 月，中国环境文化促进会发布团体标准《核电厂维修规则技术要求》(T/CECPA 002—2020)，该标准由核安全中心负责起草，用于指导核电厂营运单位建立和运行维修规则体系，确保核安全管理决策的科学性和有效性，提高核电安全水平和经济性。本标准规定了核电厂实施维修规则的技术要求，包括管理范围确定、风险重要类确定、性能指标设定、性能指标监测、定期评价、风险评价和管理等。

2021 年 11 月，中国环境文化促进会发布团体标准《核电厂维修规则同行评估》(T/

CECPA 002—2021)，该标准由核安全中心负责起草，用于规范核电厂维修规则同行评估工作的全过程，统一核电厂维修规则同行评估的工作方法，减少核电厂维修规则同行评估工作的主观性和随意性，增强科学性和客观性。本文件规定了核电厂实施维修规则(MR)同行评估的方法的技术要求，包括同行评估的流程、步骤、人员资质要求、评估队管理的方法以及技术评定准则等。

2021 年 6 月，全国核安全标准化技术委员会开展第一批核安全国家标准立项申报工作，生态环境部核与辐射安全中心牵头申报了《核电厂维修有效性评价》国家标准，于 2021 年 7 月通过全国核安全标准化技术委员会立项审查，2021 年 11 月通过国家标准化管理委员会审查答辩。该标准对核电厂建立维修有效性评价体系，以及对能动设备、包含能动设备的系统和构筑物进行维修有效性评价和风险管理的技术要求进行规定，已被纳入核安全国家标准体系(标准清单)。

第六章　国家核安全局维修规则工作组

国家核安全局发布技术政策后，各有关单位积极开展维修规则试点工作，为了更好地指导核电厂开展维修规则工作。国家核安全局成立了核电厂维修规则工作组，负责研究和推动核电厂维修规则领域的工作。通过专题研究、技术与经验交流、同行评估、专题培训等形式，解决核电厂维修规则领域的关键技术问题，研究共性问题的处理原则和技术要求，规范国内维修规则相关工作的实施，促进国内核电厂维修规则技术的发展和应用，为法规、标准和导则的制修订提供技术基础。工作组由核安全监管部门、技术支持单位、各核电营运单位和相关研究设计单位组成，核安全中心作为工作组组长单位，负责工作组日常活动组织和技术统筹，负责工作组各成员单位的沟通与协调，定期向国家核安全局报告工作组工作进展。

6.1　工作组会议

2018 年 6 月，国家核安全局维修规则工作组第一次工作组会议在北京召开。会议审议通过了维修规则工作组工作方案，对各成员单位在实施维修规则工作中遇到的共性问题的处理方式和技术原则进行了讨论，就维修规则的管理范围和性能指标制定相关技术问题达成了共识，形成技术成果。

2018 年 9 月，国家核安全局维修规则工作组第二次工作组会议在深圳召开。会议讨论了各成员单位在实施维修规则工作中遇到的共性问题的处理方式和技术原则，就性能指标设定和监测相关技术问题达成了共识，形成技术成果。

2018 年 12 月，国家核安全局维修规则工作组第三次工作组会议在山东海阳召开。会议听取了核安全中心关于实施维修规则相关文件和维修活动风险阈值的建议，就实施维修规则工作中遇到的问题进行了深入讨论和交流。会议明确了维修规则相关文件《维修大纲》《维修规则实施大纲》等的内容要求，以及维修活动的风险阈值确定原则。

2019 年 4 月，国家核安全局维修规则工作组第四次工作组会议在浙江海盐召开。会议听取了核安全中心关于维修规则指导性文件编制情况和审评监督模式建议的汇报，以及大亚湾核电厂和秦山核电厂维修规则工作进展情况的汇报，并就核安全中心编制的《核电厂维修大纲格式和内容(征求意见稿)》和《核电厂维修规则实施大纲编写指南(征求意见稿)》两份文件进行了深入讨论和交流。会议明确了维修规则相关文件的审评和监督模式,《核电厂维修大纲》由国家核安全局技术支持单位进行审评,《核电厂维修规则实施大纲》和营运单位维修有效性评价体系宜通过同行评估的方式对其质量和技术充分性进行确认。

2019 年 12 月,国家核安全局维修规则工作组第五次工作组会议在北京召开。会议听取了秦山核电厂和大亚湾核电厂维修规则工作开展情况的汇报,并审议通过了中国核学会核安全分会编制的《维修规则同行评估实施办法》和《维修规则同行评估技术导则》。会议认为采取同行评估的方式对工作质量和技术充分性进行确认是保证核电厂维修规则有效实施的良好方式。开展同行评估活动宜采取自愿原则,协商实施,由具备评估活动能力的组织或单位组织实施。

2020 年 10 月,国家核安全局维修规则工作组第六次工作组会议在北京召开。会议对大亚湾核电厂、秦山核电厂维修规则同行评估的实施情况进行了总结,充分肯定了中国核学会核安全分会组织开展的两次同行评估活动,认为切实推动了核电厂维修规则工作,促进了国内维修规则技术交流进步。会议就共性技术问题进行了讨论和交流,明确了风险阈值的计算方法和要求、维修规则专家组运作规范以及性能指标风险可接受评价的方法。

2021 年 5 月,国家核安全局维修规则工作组第七次工作组会议(配置风险管理专题研讨会)在北京召开(见图 6-1)。会议对《核电厂配置风险管理大纲的格式和内容》和《核电厂配置风险管理同行评估技术导则》两份文件征求意见反馈和处理情况进行了讨论,并就大亚湾核电厂和秦山核电厂实施配置风险管理相关技术问题进行了研讨。会议明确了配置风险管理是核电厂技术规格书执行的补充,《核电厂配置风险管理大纲》应作为核电厂技术规格书的支持性文件,以及核电厂执行运行配置风险管理的时间要求等技术原则。

图 6-1 国家核安全局维修规则工作组配置风险管理专题研讨会

6.2 论坛研讨会

2019 年 11 月 12 日至 13 日，工作组依托中国核学会核安全分会和中国核能行业协会核电运行分会，在北京市成功举办“首届全国维修规则研讨会”（见图 6-2）。国家核安全局副局长、生态环境部核电安全监管司司长汤搏，生态环境部东北核与辐射安全监督站主任冯建平，中国核学会核安全分会理事长、生态环境部核与辐射安全中心副主任柴国旱等领导出席会议。来自核安全监管部门、核电厂营运单位、工程设计和研究单位以及高校的 100 余名代表参加了会议。此次研讨会旨在深化我国核能行业维修规则领域的技术交流，促进维修规则技术在我国核电机组运行安全和可靠性管理中的研究与应用。研讨会就国内维修规则工作进展和运行实践等主题进行了研讨，大会评选的一、二、三等奖论文也进行了会议交流。

图 6-2　首届全国维修规则研讨会

2021 年 9 月 23 日至 24 日，工作组依托中国核学会核安全分会和中国环境文化促进会核安全分会，在青岛市成功举办“第二届全国维修规则研讨会”。会议以“线下＋线上”的形式举办，140 余人现场参会。本次研讨会旨在加强核电厂维修规则和配置风险管理的技术交流和创新发展，以推动完善我国风险指引型核安全监管体系的建立实施。中国核学会核安全分会理事长、生态环境部核与辐射安全中心副主任柴国旱和江苏核电公司副总经理石岭致开幕辞。会议就我国风险指引型核安全监管体系及实践、核电厂在维修规则和配置风险管理方面取得的良好实践等主题进行了研讨，大会评选的一、二、三等奖论文也进行了会议交流。

2021 年 5 月 7 日，山东核学会在荣成举办核电厂配置风险管理研讨会，工作组各单位受邀参会。会议就我国监管要求、配置风险管理成果及展望等主题进行交流研讨，与会专家就山东海阳核电、华能石岛湾核电、国核示范电厂等单位配置风险管理体系建立和实施情况给出了意见和建议。

6.3　同行评估

6.3.1　同行评估文件体系

为推动我国核电厂建立并有效实施维修有效性评价体系，提高核电厂维修规则的工作质量与水平，工作组编制了《维修规则同行评估实施办法》和《维修规则同行评估技术导则》，实施办法为组织开展核电厂维修规则同行评估提供一套规范的实施流程与准则，主要包括核电厂维修规则同行评估活动的组织、评估流程、评估步骤、评估报告与评估结论等内容。技术导则提供了评价核电厂维修规则工作的技术质量和充分性的方法，对评估核电厂维修有效性评价体系是否满足《改进核电厂维修有效性的技术政策（试行）》给出了一套规范性的准则。以上两份文件于 2020 年 1 月由中国核学会核安全分会发布实施（见图 6-3、图 6-4）。

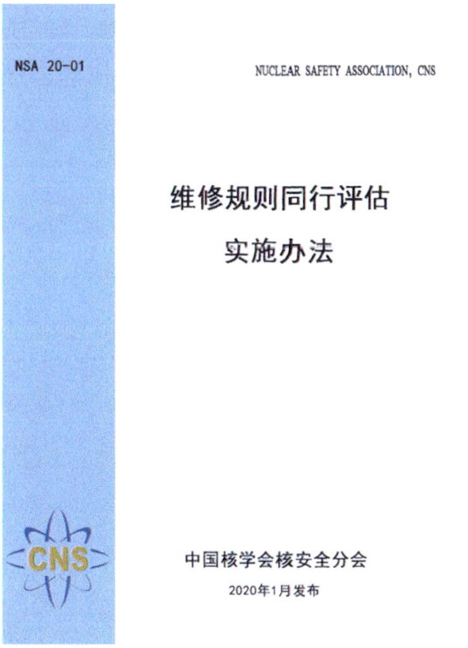
NSA 20-01

NUCLEAR SAFETY ASSOCIATION, CNS

维修规则同行评估

实施办法

CNS

中国核学会核安全分会

2020年1月发布

图 6-3　维修规则同行评估实施办法

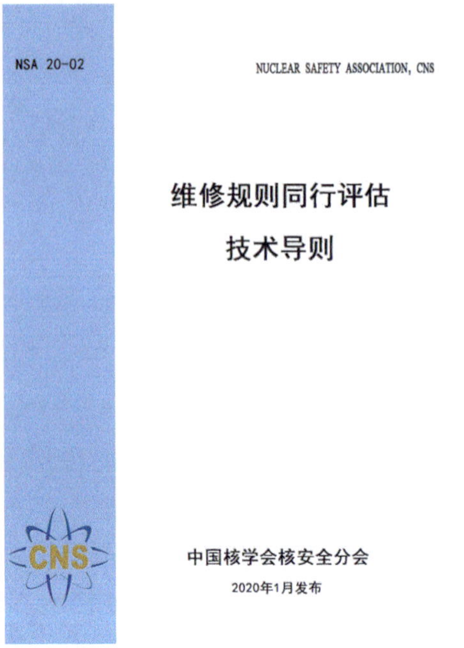
NSA 20-02

NUCLEAR SAFETY ASSOCIATION, CNS

维修规则同行评估
技术导则

CNS

中国核学会核安全分会

2020年1月发布

图 6-4　维修规则同行评估技术导则

工作组在实施办法和技术导则的基础上，结合历次同行评估活动中的经验反馈，编制完成了团体标准《核电厂维修规则同行评估》，用于规范核电厂维修规则同行评估工作的全过程，统一核电厂维修规则同行评估的工作方法，减少核电厂维修规则同行评估工作的主观性和随意性，增强科学性和客观性。该团体标准于 2021 年 11 月由中国环境文化促进会发布实施。

6.3.2　同行评估技术要素

同行评估主要涵盖以下 6 项技术要素：

(1)维修规则管理范围的确定(MR01)；

(2)风险重要类的确定(MR02)；

(3)性能指标制定(MR03)；

(4)性能指标监测(MR04)；

(5)维修活动的风险评价与管理(MR05)；

(6)维修规则相关的组织机构及文件体系(MR06)。

前 5 项是核电厂维修有效性评价体系(即维修规则)的技术要素，主要根据维修规则的主要流程与专业技术方向及其之间的内在联系来划分，最后一项是核电厂建立维修规则体系的相关的组织机构及配套文件体系，包括组织机构及岗位的职责、MR 专家组的构建与运作，以及相关大纲、程序和细则的建立。

6.3.3 同行评估流程及组织管理模式

维修规则同行评估的流程框架见图 6-5，主要包括以下活动：

• 提出/接受同行评估申请；

• 筹备同行评估；

• 开展同行评估。

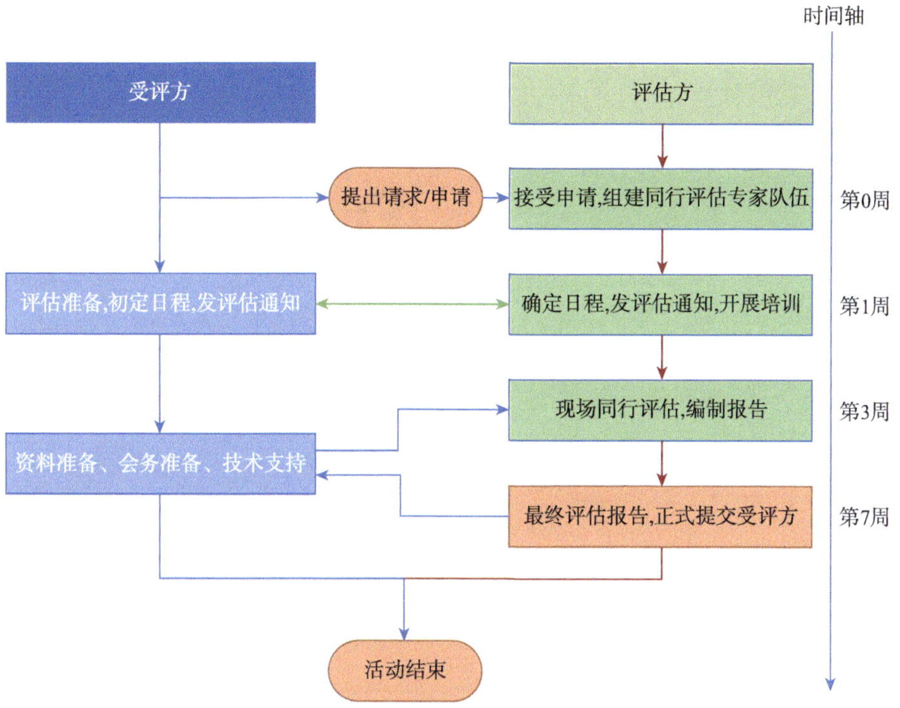

图 6-5　维修规则同行评估流程

(1)提出/接受同行评估申请。

维修规则同行评估由国内具备评估活动能力的组织和单位(以下简称“评估方”)组织实施。统一安排，受评方需要向评估方提交正式的书面申请。提交申请的时间应在期望的同行评估开展之前至少 1 个月。

(2)筹备同行评估。

接到受评方的正式评估申请后，评估方负责选定同行评估专家，组成评估队。在组建同行评估队后，还需对首次参加评估队成员进行必要的培训，培训的内容包括熟悉本办法和技术指南的要求、同行评估的步骤以及评估中其他需注意的事项和要求。

受评方需指定专人担任此次评估活动的协调人，负责评估活动的技术协调、技术支持、资料提供、技术要素评定接口人等信息准备和人力资源安排。受评方应为评估活动的顺利开展提供足够的资源保障。

详细评估日程安排由同行评估队和受评方共同商议确定。

(3)开展同行评估。

同行评估的筹备工作完成后，按照评估计划开展评估工作，包括最后的评估文档的编制。

6.3.4 同行评估实施流程

维修规则同行评估方式为现场评估，过程与步骤如图 6-6 所示。该图描述了在同行开展评估活动中对特定电厂维修规则采用的一般方法和程序步骤。在整个评估过程中，有必要同行评估队成员和举办方之间的开放和坦率的交流。

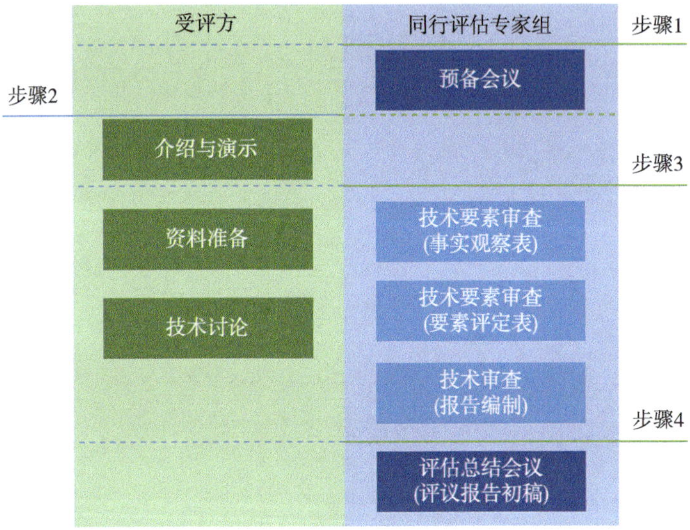

图 6-6　现场评估步骤

步骤 1：评估前准备会。

同行评估队到达评估现场后，召开内部预备会议，讨论确定本次同行评估活动的任务分工与进度安排，并就重点关注问题进行讨论。

步骤 2：评估入场会。

召开评估入场会，听取受评方对同行评估内容的介绍，至少包括所建立的维修有效性评价体系的总体情况、完整技术开发过程、各技术要素的技术细节、关键技术问题的解决等内容。同时，还需就同行评估的准备情况、相关技术支持人员与接口人安排，以及其他会务信息等进行说明。

步骤 3：技术要素现场审查。

评估队成员根据任务分工与评估日程安排开展现场技术审查，该步骤的详细方法和要求在技术指南中加以规定。审查过程中，评估队成员就发现的事实情况填写事实观察表，并与受评方或其技术支持单位开展讨论交流，进一步核实事实观察表中描述的问题，双方在事实观察表上签字。

根据技术审查中的发现，完成填写技术要素评定表，编制评估报告，并与受评方就评估结论进行初步沟通与讨论。

步骤 4：评估报告提交。

按照评估日程安排，完成所有技术要素的现场审查和评估报告编写后，评估队长向受评方代表提交评估报告初稿，陈述本次同行评估发现的主要问题、优势与创新以及主要评估结论。

评估报告终稿通常在现场技术审查结束一个月后正式提交。

6.3.5　同行评估队员组成

同行评估队的组建和队员选择是同行评估程序最重要的方面之一。同行评估队应由在维修规则的开发和应用中具有丰富经验的人员组成，并应包括对所评估电厂的同类电厂维修规则有丰富知识的同行。同行评估队由评估方负责组建。评估队需要具备以下特征：

- 与受评 MR 具有充分的独立性；
- 在维修规则技术各个方面具有足够的专业性；
- 在维修规则技术的研究和实施方面具有丰富经验；
- 具有一定的代表性。

通常，评估队可由 12 名左右根据上述原则选定的专家组成，其中 1 人担任评估活动的队长。典型的 12 名评估队成员分工如表 6-1 所示。

表 6-1　典型 12 名同行评估队任务分工

分工 人员	技术要素					
	管理范围确定	重要度分类	性能指标制定	性能指标监测	维修活动风险评价与管理	组织机构与文件体系
专家 1(队长)	◎	◎	◎	◎	◎	◎
专家 2	●	◎				
专家 3		●				◎
专家 4			●	◎		
专家 5			◎	●		
专家 6	◎				●	
专家 7					◎	●
专家 8	◎		◎			
专家 9		◎			◎	
专家 10			◎	◎		

续表

分工 / 人员	技术要素					
	管理范围确定	重要度分类	性能指标制定	性能指标监测	维修活动风险评价与管理	组织机构与文件体系
专家 11				◎	◎	
专家 12					◎	◎

注：●代表主审，负责牵头该技术要素的审查，编制该技术要素评定表与评估报告内容；◎代表副审，协助主审完成该技术要素的审查，编制事实观察表，协助主审完成技术要素评定表与评估报告内容。

6.3.6 同行评估实践执行概况

2019 年 12 月 15 日至 18 日，工作组依托中国核学会核安全分会，组织专家对大亚湾核电厂 1、2 号机组维修规则工作进行了同行评估。由 10 名成员组成的同行评估队，根据中国核学会核安全分会《维修规则同行评估实施办法》《维修规则同行评估技术导则》，通过听取介绍、人员访谈和文件资料查阅，对大亚湾核电厂 1、2 号机组维修规则工作的管理、技术要素进行了全面、详细、深入的评估。评估队对维修规则管理范围的确定(MR01)、风险重要类的确定(MR02)、性能指标制定(MR03)、性能指标监测(MR04)、维修活动的风险评价与管理(MR05)和维修规则相关的组织机构及文件体系(MR06)等 6 个技术要素和技术特征进行了全面评估，共产生了 71 个事实观察表，其中 S 类(即高质量实践，强项)6 个，A 类(对 MR 的实施与应用有重要影响)2 个，B 类(对 MR 的实施与应用有比较重要影响)5 个，C 类(对 MR 的实施与应用无影响或影响不重要)58 个。评估认为，大亚湾核电厂 1、2 号机组维修有效性评价体系总体上满足国家核安全局《改进核电厂维修有效性的技术政策(试行)》的要求。虽然在探索和尝试过程中也呈现出一些不足和弱项，但取得的成绩是显著的，较多良好实践都具备应用推广价值。对本次评估的主要发现项进行适当的处理，能够为核电厂实施维修有效性评价体系提供较好的技术基础。该项工作完成后，受评方可升级核电厂维修大纲，并报国家核安全局审评，积极推进核电厂维修规则的全面实施，进一步提升核电厂的安全水平和经济效益。大亚湾核电厂 1、2 号机组的维修规则工作得到了大亚湾核电运营管理有限责任公司的高度重视，投入了大量的人力和物力，不仅委托专业技术支持单位承担 MR 开发工作，还安排了一批有风险电厂只是和工作经验的电厂运行和技术人员参与。为了更好地支持 MR 工作，受评方还对大亚湾核电厂风险监测器进行了升版，构建风险监测器与电厂计划排程软件的数据互联互通，实现计划排程风险一体化评价，把对维修活动的风险评价和管理作为技术规格书的补充，更有效地管控维修活动引入的风险。为保证 MR 工作的顺利实施，大亚湾核电运营管理有限责任公司建立了维修规则专家组(MREP)，由技术管理项目经理担任 MREP 主席，配备了核安全、运行、维修、计划、设备、PSA 等各专业人员，专门负责核电厂维修有效性评价体系的运作和技术支持，为 MR 的建立和实施发挥重要作用。评估报告中还指出了 6 项值得肯定和推广的良好实践，6 项不足和弱项以及对应的改进建议。

2020 年 8 月 27 日至 31 日，工作组依托中国核学会核安全分会，组织专家对秦山核电厂 1 号机组维修规则工作进行了同行评估。由 10 名成员组成的同行评估队，根据中国核学会核安全分会《维修规则同行评估实施办法》《维修规则同行评估技术导则》，通过听取介绍、人员访谈和文件资料查阅，对秦山核电厂 1 号机组维修规则工作的管理、技术要素进行了全面、详细、深入的评估。评估队对维修规则管理范围的确定(MR01)、风险重要类的确定(MR02)、性能指标制定(MR03)、性能指标监测(MR04)、维修活动的风险评价与管理(MR05)和维修规则相关的组织机构及文件体系(MR06)等 6 个技术要素和技术特征进行了全面评估，共产生了 69 个事实观察表，其中 S 类(即高质量实践，强项)5 个，A 类(对 MR 的实施与应用有重要影响)1 个，B 类(对 MR 的实施与应用有比较重要影响)9 个，C 类(对 MR 的实施与应用无影响或影响不重要)54 个。评估认为，秦山核电厂维修有效性评价体系总体上符合国家核安全局《改进核电厂维修有效性的技术政策(试行)》的原则和要求。该 MR 项目在秦山核电厂属于开创性的工作，虽然同行评估中发现了一些不足和弱项，但取得的成绩是显著的，应值得肯定和鼓励。对本次评估的主要发现项进行适当的处理，能够为核电厂实施维修有效性评价体系提供较好的技术基础。部分发现项对维修规则的开发结果和后续实施有重要影响，建议受评方尽快处理，以确保维修规则的有效实施。建议受评方加强实施程序的规范性、可操作性及过程文件的可追溯性，以利于后续的维修规则文件体系维护与升版中的质量控制。评估报告中指出了 4 项值得肯定和推广的良好实践，8 项不足和弱项以及 10 项改进建议。

2021 年 9 月 25 日至 29 日，工作组依托中国核学会核安全分会，组织专家对大亚湾核电厂和岭澳核电厂配置风险管理工作进行了同行评估。由 11 名成员组成的同行评估队，根据中国核学会核安全分会《核电厂配置风险管理同行评估实施办法》《核电厂配置风险管理同行评估技术导则》，通过听取介绍、人员访谈和文件资料查阅，对大亚湾核电厂和岭澳核电厂配置风险管理工作的管理、技术要素进行了全面、详细、深入的评估。评估队对组织机构和文件体系(ODS)、风险阈值与风险管理矩阵(RTM)、实时风险模型重构(RPR)、风险监测工具功能(RMF)、风险监测工具性能(RMP)和配置风险评价与管理(RAM)等 6 个技术要素和技术特征进行了全面评估，产生 76 张事实观察表，对其中 A 类 B 类重要问题 21 项，均给出了改进的意见和建议。评估认为，大亚湾核电厂和岭澳核电厂配置风险管理体系总体上满足国家核安全局《核电厂配置风险管理的技术政策(试行)》的要求。受评方在 CRM 体系建立的过程中，进行了开创性的探索和实践，积累了宝贵的经验，取得的成绩是显著的，较多良好实践都具备在行业内应用推广的价值。但在评估过程中也识别出一些对 CRM 体系建立和实施有重要影响的发现项，受评方应对这些重要发现项进行适当的处理，为核电厂配置风险管理体系正式实施奠定基础。评估报告中指出了 6 项值得肯定和推广的良好实践，11 项不足和弱项以及相应的改进建议。

田湾核电厂、三门核电厂均提出了对其开展维修规则、配置风险管理同行评估的申请，秦山核电厂提出了开展配置风险管理同行评估的申请，福清核电厂也在积极准备接受配置风险管理评估的有关工作。工作组完成了对上述核电厂进行评估的技术准备，待条件允许后，将陆续开展这些评估活动。

6.4 专题培训

为推进核安全治理体系和治理能力现代化建设，提升核安全监管人员的风险指引型核安全监管能力，促进风险指引型核安全监管体系建设，在严格遵守常态化疫情防控相关管理规定的情况下，国家核安全局于 2020 年 9 月 1—2 日以及 16—18 日和 2021 年 7 月 12—15 日以及 9 月 13—16 日分别在北京国家核与辐射安全监管技术研发基地和全国环境保护职工疗养院举办 4 期“风险指引型监管体系专题培训班”(见图 6-7)。来自生态环境部机关、六个地区核与辐射安全监督站、核与辐射安全中心及其他技术审评单位的 100 多名学员参加培训。研讨班本着覆盖全面和实用易懂的原则，邀请来自部机关、地区监督站、企事业单位和高校的在核安全监管、风险指引型应用及教学等领域具有丰富经验的专家，围绕核安全监管需要关注和解决的问题与难点、开展风险指引型核安全监管的方法和理论等内容进行授课。课程结束后，组织学员结合实际工作经验和课程启发，就“进一步强化优化核安全监管工作”和“向风险指引型核安全监管工作方式的转变和深化”两个主题进行深入的研讨和交流，并给出后续工作建议。

图 6-7　风险指引型监管体系专题培训班

为了适应监管要求和安全形势的变化，更好地履行核与辐射安全监督职责，提高核安全监督员的专业知识水平和监督能力，2021 年 6 月，生态环境部华北核与辐射安全监督站以"线下+线上"的形式组织开展了核电厂维修规则实施和配置风险管理培训(见图 6-8)。培训邀请田湾核电厂专家现场授课，对田湾核电厂维修规则的实施状况、开发现状、配置风险管理的技术原理、监管政策、风险监测系统工具的架构与使用方法等进行了讲解。在培训过程中，监督员就技术应用、安全性能、监管要求等方面与专家开展了广泛深入的交流和讨论，提升了风险指引型监督能力，为后续开展核电厂维修有效性和配置风险管理的监督工作奠定了基础。

图 6-8 华北核与辐射安全监督站开展业务培训

近年，根据工作部署和具体需求，工作组组织专家对大亚湾核电厂、昌江核电厂、三门核电厂、福清核电厂、秦山核电厂、红沿河核电厂、中国核电工程有限公司、苏州热工研究院等工作组成员单位开展了十余次维修规则和配置风险管理专题技术培训。各核电厂营运单位和研究设计单位上千名工作人员参加了培训，对维修规则和配置风险管理技术的法规标准要求和方法流程准则有了深入的学习和掌握，为国内维修规则和配置风险管理技术的发展和应用发挥了重要的作用。

第七章 维修有效性监管

根据国家核安全局维修规则工作组会议纪要精神，维修规则相关文件《核电厂维修大纲》由国家核安全局技术支持单位进行审评，《核电厂维修规则实施大纲》和营运单位维修有效性评价体系宜通过同行评估的方式对其质量和技术充分性进行确认。维修规则体系运转情况主要通过地区监督站的监督检查活动进行确认。

2019 年 12 月和 2020 年 8 月，国家核安全局委托中国核学会核安全分会分别对大亚湾核电厂、秦山核电厂开展了维修有效性评价体系的同行评估，对其工作质量和技术充分性进行了确认。评估取得良好成效，切实推动了核电厂维修规则工作，促进了技术交流进步。

2020 年 9 月，秦山核电厂根据维修规则同行评估意见，对维修大纲进行了升版，向国家核安全局提交了《秦山核电厂 1 号机组维修大纲(D 版)》，核安全中心对该文件进行了审评和确认。2021 年 5 月，国家核安全局批准了《秦山核电厂 1 号机组维修大纲(D 版)》。

2021 年 10 月 18 日至 22 日，生态环境部华东核与辐射安全监督站组织检查组对秦山核电厂进行了维修有效性专项检查(见图 7-1)，检查组成员来自各审评单位和核电厂维修有效性领域的专家。检查组重点对秦山核电厂维修有效性管理体系、性能指标监测

图 7-1 秦山核电厂维修有效性专项检查

与调整、维修活动有效性评价及维修活动风险评价等工作内容进行了监督检查，并实地察看了风险监视器的运转情况。华东监督站通过专项检查，发现营运单位在维修有效性工作实施方面存在的问题和不足，督促整改，一方面可以为其他核电厂维修有效性工作的开展提供经验，另一方面也积极推动国家核安全局的工作部署落地，为风险指引型监管建设铺平道路。

2021 年 12 月 20 日至 24 日，生态环境部华南核与辐射安全监督站组织检查组对大亚湾核电厂和岭澳核电厂配置风险管理及技术规格书优化准备工作开展例行核安全检查。检查组按照国家核安全局颁布的核电厂配置风险管理、技术规格书优化的有关技术政策，认真研究编制检查方案，对大亚湾核电厂和岭澳核电厂配置风险管理体系的建立情况、风险监测工具的开发和应用、中系技术规格书转化准备工作进展和培训情况进行了核查。检查后，华南监督站与营运单位就检查中发现的问题进行交流对话，准确传递监督要求，有效推动核电厂配置风险管理改进和技术规格书优化。

第八章　试点核电厂工作开展情况

8.1　大亚湾核电厂

大亚湾核电厂于 2018 年 1 月开始启动维修规则开发工作，成立 MR 项目专家组(包括核安全专家、事故规程专家、运行专家、PSA 专家)，2018 年 3 月完成实施程序的编制，2018 年 6 月完成 5 个试点系统分析以及维修规则专家组(MREP)开始试运作，2018 年底完成试点系统的审查和总结工作。2019 年 7 月完成全部系统功能界定、重要度分析和性能指标设定，2019 年 12 月通过中国核学会核安全分会的同行评估，2020 年 6 月根据同行评估结果完成改进，内部正式运作，2021 年 11 月，启动维修有效性定期评估总结和反馈。预计将于 2022 年 4 月向国家核安全局提交升版后的《核电厂维修大纲》(大亚湾计划风险管理软件见图 8-1)。

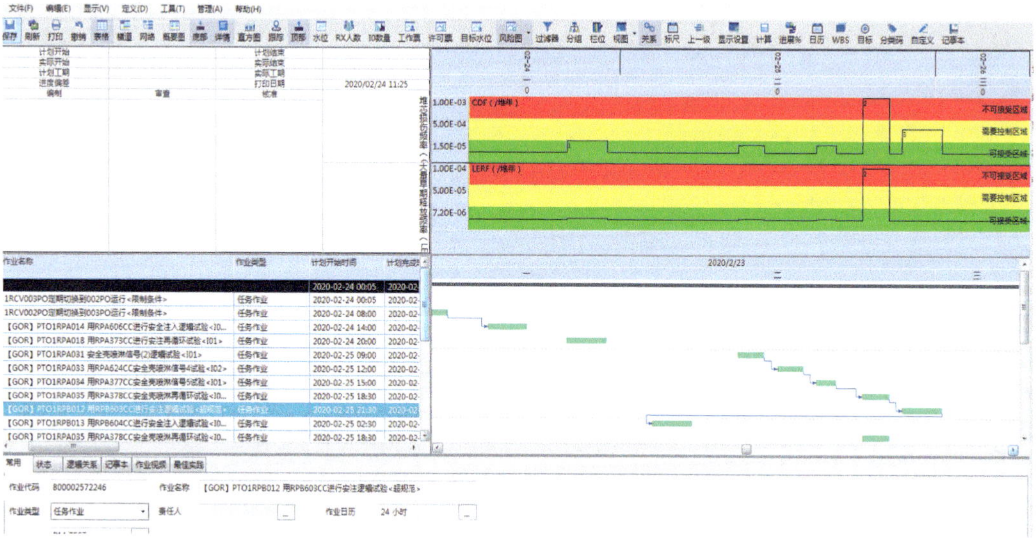

图 8-1　大亚湾计划风险管理软件—Power Plan

大亚湾核电厂确定了 MR 管理范围内系统 135 个(单机组)，共设定 3 个厂级指标和 108 个可靠性/不可用度指标，建立了以公司总经理部成员为主席的维修规则专家组，月度定期召开专家组会议。试运作过程中共发生 MR 事件 98 项，其中超出设定的性能指标进入《核电厂维修规则实施大纲编制指南》中(a)(1)条款累计 14 次(大亚湾核电厂(MR)宣贯手册见图 8-2)。

图 8-2 大亚湾核电厂(MR)宣贯手册

8.2 秦山核电厂

秦山核电厂于 2017 年 9 月成立了维修规则专项工作组，启动了维修规则技术研发工作。在维修规则体系建立开发阶段，秦山核电厂与上海核工程研究设计院、北京中机生产力促进中心、中核武汉等科研机构通力合作，获得了强有力的技术支持。秦山核电厂于 2019 年底前按计划完成了体系开发建立工作，2020 年 1 月开始内部试运行，2020 年 8 月通过中国核学会核安全分会的同行评估，2021 年 5 月，升版后的核电厂维修大纲得到国家核安全局批准，秦山核电厂维修有效性评价体系开始正式运行。在 2020 年试运行过程中，发现部分系统/列的性能指标设定存在不合理之处，经 MREP 讨论，并结合电厂实际情况，对基础文件进行了修订。在 2021 年，通过对系统变更、EOP 规程修订、PSA 模型修改的审查，对 9 份 MR 基础文件提出了修订要求，包含了范围筛选报告及部分系统分析报告，修订的内容涉及性能指标、设备清单、设备分组等。2021

年 10 月通过华东核与辐射安全监督站维修有效性专项检查，现已根据检查中发现的问题，进行了针对性的改进，目前所有改进措施均已形成纠正行动，并在有序执行中。

秦山核电厂确定了 MR 管理范围内系统 85 个，共设定 3 个厂级指标和 402 个可靠性/不可用度指标，建立了以公司领导为组长的 MR 项目领导小组和以技术支持处处长为组长的维修规则专家组，月度定期召开专家组会议。试运作过程中共发生 MR 事件 20 项，超出设定的性能指标进入《核电厂维修规则实施大纲编制指南》中(a)(1)条款累计 2 次(秦山核电厂性能指标监测流程见图 8-3)。

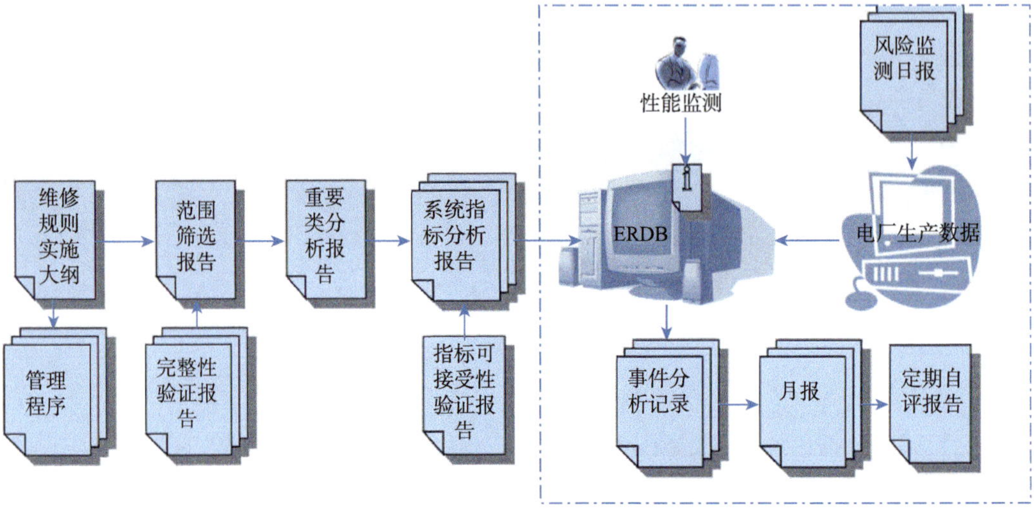

图 8-3　秦山核电厂性能指标监测流程

8.3　田湾核电厂

田湾核电厂于 2017 年选取 6 个不同特点的系统作为先导系统，研究维修规则开发的各技术要素。2018 年开始基于先导系统研发形成的技术方案，对田湾核电站 1～4 号机组进行全面开发。2021 年 6 月完成田湾核电站 1～4 号机组全部维修规则开发工作。正在策划进行维修规则同行评估以及对维修大纲的适应性升版工作。

田湾核电厂确定了 MR 管理范围内系统 122 个(单机组)，共设定 3 个厂级指标和 148 个可靠性/不可用度指标，建立了以设备管理处处长为组长的维修规则专家组(见表 8-1)，月度定期召开专家组会议。

表 8-1　田湾核电厂维修规则专家组(MREP)

序号	专业	部门	推荐人数
1	组长	设备管理处	1
2	副组长	技术支持处/设备管理处	1～2
3	系统工程师	设备管理处	1～2
4	机械工程师	维修一处	1
		维修二处	1
		设备管理处	1
5	电气工程师	维修一处	1
		维修二处	1
		设备管理处	1
6	仪表工程师	仪控处	1
		设备管理处	1
7	白班值长或高操	运行一处	1
			1
		运行二处	1
8	安全监督工程师	核安全处	1
9	PSA 工程师	技术支持处	1～2
10	生产计划工程师	生产计划处	1
11	大修计划工程师	大修管理处	1
12	协调员	技术支持处/设备管理处	1～2

8.4　三门核电厂

三门核电厂在最终安全分析报告审评过程中，向国家核安全局承诺：将在机组装料前，建立维修规则管理体系，并在机组投入运行前开始实施。2015 年开始相关研究工作，2016 年完成技术准备，2017 年开始试运作。2018 年 4 月根据国家核安全局技术政策对 MR 体系进行完善和优化。2018 年 7 月商运后开始首循环的 MR 监督。现正在准备进行维修规则同行评估。

三门核电厂确定了 MR 管理范围内系统 55 个，共设定 3 个厂级指标和 44 个可靠性/不可用度指标，建立了维修规则专家组，月度定期召开专家组会议。已正式连续开展 MR 监督达 3 年，覆盖 2 个完整循环，通过技术决策组织 MREP 的有效运作，发现并处理了 10 个超出设定的性能指标进入《核电厂维修规则实施大纲编制指南》中(a)(1)

条款的异常监督，完成了首循环自评估(三门核电厂 MR 软件平台见图 8-4)。

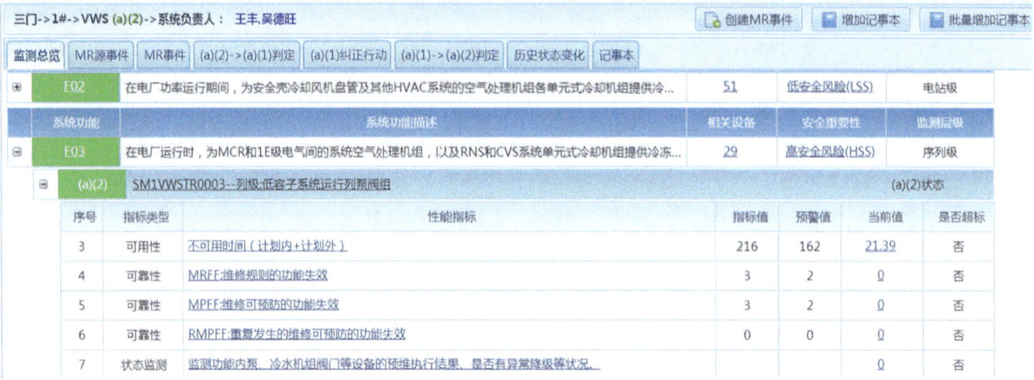

图 8-4　三门核电厂 MR 软件平台

8.5　其他核电厂

除试点核电厂以外，岭澳、方家山、宁德等多个核电厂也已基本建立了维修规则体系，国内其他运行核电厂也都启动了相关研究和准备工作。

第九章　维修规则实施中遇到的典型问题及行业共识

由于维修规则涉及的领域较广，且试点核电厂在设计上和执照文件体系存在较大差异，研究的深入程度也不尽相同。本章对维修规则实施进展及所遇到的普遍问题和解决方法进行归纳和阐述，供相关单位和人员参考。

9.1　非安全构筑物、系统和设备(SSC)判断准则

维修规则在我国尚属首次应用，目前已有试点核电厂依据技术政策逐步开展相关的研究工作。技术政策对纳入维修规则的构筑物、系统和设备(SSC)的筛选原则做出相应的规定，不同营运单位对技术政策的理解与核安全监管部门的相关要求存在一定差异。

9.1.1　遇到的主要问题

(1)SSC 筛选范围的广度。

技术政策的目的主要是为了进一步提高在设计基准事故中执行缓解功能或发生故障会引起机组瞬态的设备的可靠性，部分营运单位对技术政策理解不准确，将部分与上述条件无关的非安全相关 SSC 纳入维修规则范围内，这将有可能导致营运单位维修资源过多的分散在对机组安全影响甚微的设备上，不利于维修规则的有效实施。

(2)对“事故”这一概念的误解。

部分营运单位将技术政策中所提及的“事故”理解为核电厂所有的事故工况，也会导致所筛选的 SSC 范围扩大化。

(3)对“事故规程”的误解。

核电厂执行事故规程时，有可能直接或间接的用到为数众多的非安全相关设备，因此部分营运单位将执行事故规程所涉及的所有非安全 SSC 都纳入维修规则范围内，这与技术政策的要求并不一致。

(4)对“支持系统”的误解。

技术政策中提到“失效后会妨碍安全功能执行的非安全 SSC”，此处会涉及安全 SSC 的支持系统，部分营运单位将非安全支持系统的支持系统也纳入其中，导致对“支持系

统”的过度延伸，并不符合技术政策中的规定。

(5)对“安全系统”的误解。

技术政策中提到“触发安全系统动作”，部分营运单位错误地认为本处的“安全系统”指安全分析报告中的所有安全系统，也会导致维修规则的筛选范围过大。

9.1.2 行业达成的共识

(1)技术政策中确定维修规则涉及的构筑物、系统和设备范围的要求，是对核电厂纳入维修规则管理 SSC 的最小范围的规定，营运单位可以根据自身需求扩大范围。

(2)技术政策中三、(一)中条款“最终安全分析报告中给出的用于缓解事故或瞬态的非安全构筑物、系统和设备”的“事故”是指设计基准事故＋选定的超设计基准事故(主要包括：未能紧急停堆的预期瞬态(ATWS)和全厂断电(SBO)两类事故)。

(3)技术政策中三、(一)中条款“事故规程中使用到的能够缓解设计基准事故的非安全构筑物、系统和设备”，指执行事故规程时必须使用到的非安全 SSC 才纳入维修规则范围，且不考虑严重事故管理导则中的要求。

(4)技术政策中三、(一)中条款“失效后会妨碍安全功能执行的非安全构筑物、系统和设备”，一般包含发生故障后直接影响安全功能的非安全 SSC，以及起支持作用的能够影响安全功能的非安全 SSC，对后者而言，不考虑非安全支持系统的支持系统。

(5)技术政策中三、(一)中条款“可能导致反应堆紧急停堆、汽轮机跳闸或触发安全系统动作的非安全构筑物、系统和设备”，其中“安全系统”特指专设安全设施，而“触发安全系统动作”即指触发专设安全设施动作。

(6)对于管道和电缆等非能动设备，可不纳入维修规则管理范围。

9.2 性能指标设定

维修规则涉及的构筑物、系统和设备数量众多，如果对所有单个设备均设定性能指标，将导致需要监测的性能指标量大大增加，从系统功能来看也是不必要的。因此，确定一套易于实施且可接受的性能指标设定的方法体系成为关键。

目前，国内核电厂在制定性能指标时面临的主要问题是性能指标制定的具体实施方法。另外，如何和确定性能指标的风险可接受性也是性能指标制定中的关键问题之一。

9.2.1 遇到的主要问题

(1)关于风险重要类的确定。技术政策中指出“利用概率安全分析(PSA)方法能够有效地确定构筑物、系统和设备的风险重要度，具体可以结合风险减少重要度(RRW)、风险增加重要度(RAW)及堆芯损坏频率(CDF)贡献等方法进行分析”。按照美国实践，应用 PSA 方法分析得出的重要度结果，即可作为最终的风险重要类结果。部分营运单位出于保守的考虑，希望采取专家判断的附加方法。

(2)关于可用性指标的范围。技术政策中规定对风险重要类设备有着需要统计不可用度的最低要求，而非风险重要类且运行的设备大量集中在机组二回路中，且均可采用“厂级指标”来进行监测。因此，营运单位可能会在某些系统设备设定性能指标时是否应考虑“不可用度”产生误解。

(3)性能指标的风险可接受准则。维修规则中所设定的性能指标应与核电厂安全水平相称，即当SSC的性能接近所制定的性能指标时，不会过多的增加机组总的堆芯损坏频率(CDF)。通常情况，具有低风险重要度的SSC(FV<0.005)，即使其性能指标超出性能指标，其对CDF的贡献也会非常小($\frac{\Delta CDF}{CDF}=FV\times\Delta P/P$)。通过上述关系式可以确定随着SSC性能变差导致CDF的增量，但难点之处在于需要确定可接受的CDF增量。

(4)性能指标的属性(设备组 or 功能组)。部分营运单位采用仅针对某个功能设定性能指标的方法。应注意的是，维修规则主要目的是提高设备可靠性和可用性，所有的性能指标和改进措施都是系统设备的维修和试验的改进。如果针对某个功能设定性能指标，当系统设备实施维修或试验时会导致该设备所有功能同时丧失，进而影响多个性能指标。另外，出现性能指标不可接受时，也是应将该设备纳入(a)(1)进行管理，而不是将该设备的某一功能单独纳入(a)(1)。

(5)可接受失效次数概率取值范围。对大多数设备而言，在监测周期内发生0次或1次失效的概率约在85%～95%，发生失效并不意味着其性能劣化，而是一种随机的失效。所选取的失效次数的概率值不能过高，也不能过低，过高将会导致选取的可接受失效次数过于保守，取值过低则会使得性能指标过于宽松而不利于安全。

9.2.2 行业达成的共识

(1)确定SSC风险重要类时，对于没有PSA模型的系统，则可判定为非风险重要类。如有必要，营运单位也可采用专家判断的方式(如依据事故响应功能和正常运行功能的DELPHI方法)进行补充判断。

(2)核电厂运行过程中应首先遵守技术规格书中的相关规定，为便于维修规则的实施，同时考虑包络性，对于可用性指标，仅统计技术规格书有可用性要求时的系统和设备不可用时间，其中“有可用性要求”包括了“部分可用”。

(3)性能指标制定时需考虑可接受准则，应满足所有性能指标设定后不能使总CDF增大10倍，即$\frac{CDF1}{CDF0}<10$(CDF0和CDF1分别为性能指标设定前后对应的堆芯损坏频率)。这一过程是指将设定的性能指标所代表的设备可靠性/可用性参数的经典估计值替代PSA报告中的原参数所计算得出新的CDF值。需要注意的是，将可靠性参数代入PSA模型时，应以保守的原则选择需求或运行失效模式。

另外，性能指标所代表的设备可靠性参数，即每个监测周期可接受失效次数/每个监测周期需求次数，或每个监测周期可接受失效次数/累计运行时间，或每个监测周期可接受不可用时间/每个监测周期要求的可用时间，无需进行贝叶斯处理。

(4)设定性能指标宜针对设备、列和系统，不应简单的对某一基本安全功能设定性能指标(如反应性控制，或余热排出)。如果需要对设备功能组设定性能指标，可按照列级指标处理。

(5)利用二项式分布和泊松分布确定监测周期内可接受失效次数时，可参考美国核电厂实践，选取10%发生概率确定失效次数。

9.3 性能监测

9.3.1 遇到的主要问题

(1)性能指标设定和监测中“颗粒度”。在PSA的可靠性设备边界划分中，对部分“超级设备(super component)”(如应急柴油发电机)，是以该设备整体进行数据统计和建模，部分营运单位在对其性能指标设定和监测中是否应进行更为细致的部件级分析产生困惑。

(2)根据技术政策，仅需对“非风险重要且运行”类SSC设定电厂级性能指标(非计划停堆次数、非计划能力因子降低、触发安全系统动作次数)，而对厂级指标进行监测和管理时，可能有两种处理方式：仅适用于“非风险重要且运行”类SSC，如果是由其他类设备(如非风险重要且备用)失效导致的非计划停堆、安全系统动作等情况，不累积在厂级指标次数中；或所有SSC(包括风险重要和非风险重要)导致的非计划停堆、安全系统动作都统计入厂级指标。对于采取何种方式进行监测，各单位有着不同的理解。

(3)性能指标的监测周期。技术政策中要求对所有纳入维修规则范围内SSC的性能进行监测，并规定“应对每个换料周期的维修活动进行有效性评价”。由于大部分系统设备的可靠性都维持在较高的水平，因此部分性能指标设定为“2个(甚至更长)循环出现1次失效”才符合“10%发生概率”的原则。但更长的监测周期(3个及以上)，会不利于营运单位对该设备性能趋势的跟踪和分析。

9.3.2 行业达成的共识

(1)对于如应急柴油发电机这类复杂的大型设备，可参考其在PSA中边界划分的方法，以“柴油发电机组”为整体进行范围筛选、性能指标制定和监测、风险评价和管理等。

(2)技术政策中仅要求对“非风险重要且运行”类SSC设定厂级性能指标，但为了便于操作和比较，核电厂将各类SSC导致的非计划停堆、安全系统动作都计入厂级指标也是可行的。

(3)对性能指标进行监测的周期最长不宜超过 2 个燃料循环，便于核电厂及时发现设备性能下降并采取措施。对 SSC 性能指标的监测周期应采取循环、滚动的方式，机组停运或大修换料的时间包含在监测周期内。

9.4 维修活动风险阈值

在国家核安全局发布的有关 PSA 应用的核安全译文 NNSA-0148(RG1.177)2.3.2 节：“作为最低要求，必须对 CDF 及 LERF 进行评估以便支持风险指引型的 TS 变更。除非可以证明来自特定灾害组的风险贡献不会对决定产生影响，否则分析的范围应当包括所有的灾害组。”；NNSA-0147(RG1.174)2.5 节：“若 PRA 不是全范围的，许可证持有者有必要说明已有分析范围之外部分的重要度……”“PRA 分析范围完备性问题可以采用在原则上可用的方法通过调整分析范围来解决，而且可以通过补充额外分析来扩大范围，使用更严格的可接受准则……”。另外，NUMARC 93-01 中的风险阈值所参考的文件 EPRI TR-105396(PSA 应用导则)4.2 节也明确声明了对特定问题的处理需要考虑 PSA 范围，是否考虑外部事件、停堆工况等。可以看出美国所制定的风险阈值，评价的均为全范围的 PSA(需要考虑外部灾害组)。

考虑国内目前的实际情况，试点过程仅要求内部事件、一级 PSA。经过国家核安全局核电厂维修规则工作组会议讨论，行业内所达成的共识，针对风险评价的阈值，可参考国际良好实践，国内维修规则试点工作中可采用与 NUMARC 93-01 一致的风险阈值。但是需要注意，NUMARC 93-01 中相关风险阈值，评价的是包括外部事件风险在内的全范围 PSA 结果，如果国内核电厂 PSA 范围尚不完备，可通过补充额外分析来扩大范围，或对风险阈值进行适当调整。核电厂营运单位在合理可行的前提下，可根据自身特点，采用更严格的风险评价和管理阈值。

9.5 监管审评文件体系

国家核安全局发布技术政策以来，如何对维修规则有效性和维修活动风险的审评监管也是营运单位普遍关注的问题。参考美国实践，同时也考虑我国核安全法规、导致中的相关规定，初步考虑试点核电营运单位编制相应的文件。具体包括：

(1)实施维修规则的核电营运单位，在《维修大纲》中宜增加实施维修规则的相关章节，内容包括构筑物、系统和设备(以下简称“SSC”)的范围筛选，风险重要类确定，性能指标的设定、监测和调整，维修活动有效性的定期评价、风险评价和管理，实施维修规则的相关培训和质保要求等。可将纳入维修规则管理范围内且与性能指标设定相适应的构筑物、系统和设备清单作为《维修大纲》附件。

(2)实施维修规则的营运单位宜制定《维修规则实施大纲》，对核电厂实施维修规则的具体方法和流程进行规定，确定的 SSC 风险重要类和性能指标结果可作为大纲的附件。

(3)实施维修规则的营运单位宜对每个换料周期的维修活动进行有效性评价，并编制报告。每次实施维修活动(预防和纠正性维修、定期试验、维修后的再鉴定等)前，应对编制维修活动可能引起的风险增量进行评价和管理，并文件化，相关报告和记录应妥善保存。

第十章　国内维修有效性主要工作成效

近年来，在国家核安全局的精心部署与全面指导下，在国家核安全局维修规则工作组的努力推动下，在业界各相关单位的大力支持下，我国维修有效性工作取得了显著的工作成效，维修有效性评价的应用进入一个崭新的阶段，主要工作成效表现在以下几个方面。

10.1　建立了完整的政策法规标准框架

建立了由技术政策、部门规章、核安全导则、技术文件和规范性文件(监督检查程序)等不同层次文件构成的维修规则法规文件框架体系，以及由国家标准、行业标准、团体标准等构成的维修规则技术标准框架体系。已完成主体文件的制定工作，待编制的文件已有明确的工作计划。

10.2　发展和检验了维修有效性评价技术

建立了一套适合我国的核电厂维修有效性评价技术，形成了自主知识产权和规范标准要求，并在M310、CNP300、VVER、AP1000等多个堆型上得到了成功检验。实践表明，在国家核安全局的规范和指导下，各试点电厂建立的维修规则体系能够与核电厂现行的维修策略(即定期开展预防性维修和纠正性维修)有机融合，相关文件能够与核电厂技术规格书和维修大纲等执照文件匹配衔接。

10.3　探索出一套行之有效的维修规则审评监督模式

在实践中探索出一套有效的维修规则审评监督模式，即对《维修大纲》等执照文件依法进行审查和行政许可，对《核电厂维修规则实施大纲》等核电厂大纲程序以及核电厂的维修规则体系，主要通过同行评估的方式确认其质量和技术适当性，通过监督检查确认核电厂维修规则体系运转是否有效。针对审评、同行评估、监督检查等活动，我国都已制定了相应的技术指导文件和规范性文件。

10.4 有效提高核电厂运行安全水平

核电厂建立并实施维修规则体系后，在实施维修活动前，对维修活动可能引起的风险增量都要进行评价，并根据评价结果采取相应的行动和风险补偿措施。试点核电厂在实施过程中，已通过风险评价发现了多项高风险维修活动，并进行了相应的管理。例如，对于 M310 堆型一个不可避免进入风险不可接受区(红区)的维修活动，试点电厂进行了优化改进，使风险降低至可接受水平。这些建立并实施维修规则的试点电厂，通过维修活动的风险管控，显著地提高了核电厂的运行安全水平。

10.5 改进核电厂维修有效性和设备可靠性

国际运行经验表明，维修不足、过度维修以及维修不当都可能对核电厂安全重要设备产生不利影响，从而降低核电厂的运行安全水平。而核电厂建立和实施维修规则体系，能够更加合理、有效的改进维修有效性，提高设备可靠性。国内试点电厂目前维修规则实施情况符合预期，可以预计在核电厂维修规则体系有效运转几个燃料循环以后，能够观测到维修有效性和设备可靠性的明显改善，通过更多的积累和正反馈，可以使核电厂安全重要设备的可靠性和可用度得到平衡和优化。